宝宝营养食谱

雷敏◎主编

青岛出版社
QINGDAO PUBLISHING HOUSE

图书在版编目（CIP）数据

孕产育儿百科·宝宝营养食谱 / 雷敏主编. -- 青岛：青岛出版社，2018.7

ISBN 978-7-5552-7271-7

Ⅰ. ①孕… Ⅱ. ①雷… Ⅲ. ①婴幼儿—保健—食谱 Ⅳ. ① TS972.162

中国版本图书馆 CIP 数据核字（2018）第 154360 号

《宝宝营养食谱》编委会

主　编　雷　敏

编　委　胡小燕　李　政　刘悦琦　王一茗　张　航　高山凤　于洪娟　董英歌　郝小峰　顾　勇　顾　菡　汤仁荣　陈丽娟　崔雪梅　孔劲松　陈建军

书　　名　孕产育儿百科·宝宝营养食谱
YUNCHAN YUER BAIKE · BAOBAO YINGYANG SHIPU

出版发行　青岛出版社
社　　址　青岛市海尔路 182 号（266061）
本社网址　http://www.qdpub.com
邮购电话　13335059110　0532-68068026
责任编辑　徐　瑛　E-mail：546984606@qq.com
特约审校　郭　勇　李　军
插图宝宝　赵梓烨等
插图设计　顾　勇
封面设计　周　飞
制　　版　青岛乐喜力科技发展有限公司
印　　刷　青岛乐喜力科技发展有限公司
出版日期　2018 年 8 月第 1 版　2018 年 8 月第 1 次印刷
开　　本　20 开（889mm × 1194mm）
印　　张　12
字　　数　240 千
图　　数　420 幅
印　　数　1-15000
书　　号　ISBN 978-7-5552-7271-7
定　　价　39.80 元

编校质量、盗版监督服务电话：4006532017　0532-68068638
建议陈列类别：孕产妇保健

Preface 序言

面对刚刚来到这个世界的宝宝，妈妈满心欢喜和激动的同时又难免慌张失措，这么小小的、柔软的崭新生命要怎样抚养、保护才能茁壮成长呢？育儿的各种难题中，妈妈最头痛的就是给宝宝吃什么、吃多少、怎么吃。吃得好，宝宝会长得又聪明又健康；吃得不好，轻则厌食、闹肚子，重则会耽误宝宝的生长发育。

妈妈是照顾宝宝的主力军，更是宝宝最好的营养师。当宝宝依偎在妈妈怀里时，妈妈用甘甜的乳汁哺育宝宝，宝宝 4 ~ 6 个月时开始添加辅食，妈妈更忙了；当宝宝可以吃饭时，妈妈的任务更重了，合理、科学地搭配宝宝的饮食成为妈妈的必修课。了解宝宝的生理特点、营养需求、喂养误区，根据宝宝的年龄段制订合理的饮食方案，学习婴幼儿食疗知识，能够帮助妈妈解决喂养宝宝的诸多难题，让宝宝吃出一个美好、光明的未来。

本书共分五章，前四章分为宝宝生长发育特征、营养均衡的表现、喂养细节、妈咪厨房几个板块，全面介绍了宝宝喂养过程中的难题、误区、应对方法。鉴于母乳对宝宝的重要性，第一章还增设了哺乳妈妈营养经板块，帮助妈妈科学安排日常饮食，为宝宝提供优质的乳汁。0 ~ 3 岁的宝宝容易生病，因此本书第五章专门介绍了各种宝宝易患的常见病，详细地分析了病因，给出了科学的饮食建议以及各种食疗方。

千里之行始于足下，愿本书能够成为妈妈科学育儿道路上的一块铺路石，愿天下的宝宝健康、快乐地成长。

第一章

母乳，给宝宝的最好礼物 /0 ~ 3 个月

第 1 周

第 2 周

第 3 ~ 4 周

第 2 个月

第二章

别让辅食添加成心病 /4 ~ 12 个月

第 5 个月

第 6 个月

第 7 个月

第 8 个月

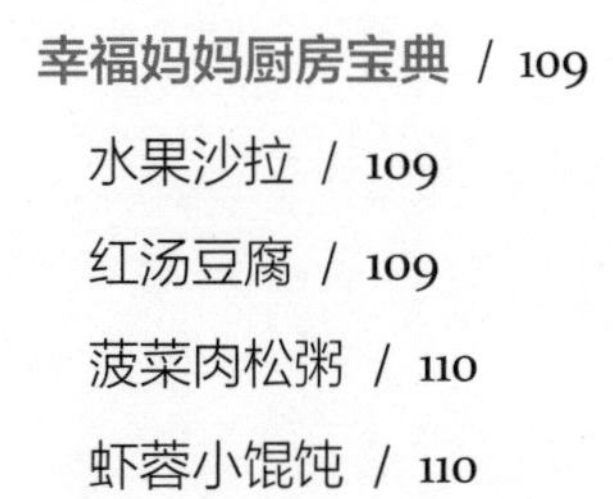

第 11 个月

第 12 个月

第三章

告别母乳，吃大人饭 /1 ~ 2 岁

1 岁 1 ~ 3 个月

1 岁 4 ~ 6 个月

1 岁 7 ~ 9 个月

1 岁 10 ~ 12 个月

第四章

均衡营养，宝宝聪明健康 /2 ~ 3 岁

2 岁 1 ~ 3 个月

2岁4～6个月

2岁7～9个月

第五章

宝宝小毛病的健康吃法 /1～3岁

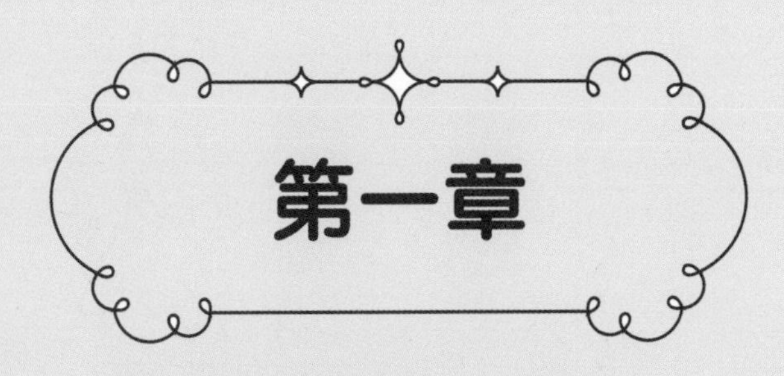

第一章

母乳，给宝宝的最好礼物 /0 ~ 3个月

第 1 周

生长发育特征

身体发育指标

指标＼性别	男宝宝			女宝宝		
	最小值	均　值	最大值	最小值	均　值	最大值
体重（千克）	2.4	3.3	4.3	2.2	3.3	4.0
身长（厘米）	45.9	50.5	55.1	45.5	49.9	54.2
头围（厘米）	31.8	33.9	36.3	30.9	33.5	36.1
胸围（厘米）	29.3	32.3	35.3	29.4	32.2	35.0

智能发展特点

宝宝的视觉功能较弱，视力在 25 厘米左右，听力也较差，对声音的反应不敏锐，普通的声音不会吵醒睡着的宝宝。出生后，嗅觉迅速发育，初生的宝宝几乎闻不到味道，一般第 6 天已经可以通过气味辨认出妈妈了。

营养均衡的表现

营养均衡的宝宝	营养失衡的宝宝
由于排出胎便，乳汁摄入不足，宝宝出生的第一周体重会略有下降，约到第二周时才能恢复正常增长；睡得香，吸吮乳汁有力。	身长、体重不达标，易醒来哭闹；缺乏维生素 K，易导致新生儿出血性疾病。

本期喂养细节

早开奶的益处

“开奶”指的是新妈妈第一次给宝宝喂奶。按照以前的传统，人们大多主张晚些开奶，以便给母婴充足的时间休息。不过，近年来的研究表明，开奶这件事是宜早不宜迟的，为什么呢？因为开奶早对新妈妈和宝宝的身心皆有益处：从生理上来看，宝宝早些和妈妈的乳头亲密接触，有助于减轻生理性黄疸、生理性体重下降，减少低血糖的发生，同时促进宝宝的肠蠕动，以及胎便的排泄；吸吮乳头的动作可以刺激新妈妈的脑下垂体，进而促进乳腺分泌乳汁；此外，宝宝的吸吮还能够使得新妈妈的子宫收缩，减少产后出血。从心理上来讲，早开奶能够及时满足新妈妈和宝宝的心理需求，宝宝在妈妈的怀抱中得到了温暖，减少了初来人世的陌生感，新妈妈抱着宝宝则体验着初为人母的幸福与满足，和谐的母子关系得以轻松建立。

·育儿百宝箱·

什么是生理性体重下降？

生理性体重下降指的是宝宝出生后的前几天体重不升反降。新妈妈不必担心，这是因为宝宝出生后吃奶量还不多，通过排尿、排胎便或出汗等途径使水分丢失造成的，一般 7 ~ 10 天便能够恢复到正常体重，然后开始正常的体重增长。

什么是生理性黄疸？

宝宝出生 2 ~ 3 天后皮肤出现轻度发黄，但精神状态、吃奶量并无异常，这就是生理性黄疸。新生儿肝脏代谢胆红素的能力较弱，多余的胆红素在血液内积聚，从而染黄了皮肤和巩膜，这种现象一般会在出生后 7 ~ 10 天内自行消失。

人之初，食母乳

作为唯一一种包含了人类生命所需全部营养素的食物，对于宝宝来说，母乳具有不可取代的作用。

营养卓越

母乳所含的蛋白质以易于消化吸收的乳清蛋白质为主，且氨基酸组成平衡，所含的牛磺酸是宝宝大脑和视网膜发育所必需的营养物质，丰富的脂肪含量同样有助于宝宝的眼睛和智力发育，所含的矿物质和维生素比牛奶更适合宝宝的需要，钙磷比例适当，维生素 A、维生素 E 的含量均优于牛奶。

预防疾病

母乳以特有的免疫活性物质守护着宝宝的健康，对于感染性疾病、非感染性疾病、慢性疾病以及过敏性疾病都有着显著的降低作用。新妈妈选择母乳哺育宝宝，还能够降低自身罹患乳腺癌的危险。

初乳让宝宝赢在健康起跑线

新妈妈分娩后 7 天内分泌的乳汁称为初乳，颜色淡黄，质地黏稠，与洁白的乳汁相比，初乳确实品相不佳，这正是很多新妈妈丢弃初乳的原因，殊不知自己丢掉的是比金子更珍贵的乳汁。没有初乳滋养的宝宝从一出生就输在了健康的起跑线上，这是因为宝宝初级免疫系统的建立离不开初乳。此外，初乳所含的微量元素、长链多不饱和脂肪酸等营养物质比之后分泌的乳汁要高得多，还具有良好的通便作用，是宝宝清理肠道和胎便的好帮手。

混合喂养的注意事项

母乳不够吃，或者由于条件限制，新妈妈无法完全母乳喂养宝宝时，宝宝需要混合喂养，通过配方奶补充母乳的不足。混合喂养时新妈妈需要注意以下事项。

喂养方法

混合喂养应按需给予，时间间隔可灵活掌握，一般 1 ~ 3 小时喂 1 次，只要宝宝饿了，或者妈妈感觉奶胀了就可以给宝宝喂母乳。如果某一顿宝宝没有吃到母乳，喝的完全是配方奶，那么下一顿的喂奶时间应间隔长一些，最好 3 小时后再喂给宝宝母乳或配方奶。

混合喂养分为补授法和代授法。先给予母乳，如果宝宝吃了母乳之后安然入睡，说明已经吃饱了，不需要再添加配方奶；如果吃过母乳之后宝宝依然哭闹，表现出不满足，妈妈需要冲调配方奶喂宝宝，奶量以宝宝表现出吃饱后的满足为标准，这就是补授法。代授法是指根据母乳的分泌情况，每天母乳喂养宝宝 3 次，其余都选择配方奶喂养宝宝。

促进乳汁分泌

混合喂养的主角是母乳，配方奶只是母乳的补充，混合喂养的同时新妈妈应该努力提高乳汁的分泌量：保证充足的休息和睡眠，保持轻松、愉快的心态；多吃催乳的食物，如鲫鱼、鲤鱼、花生、芝麻、丝瓜；多让宝宝吸吮乳头，刺激乳腺分泌。

如何应对乳头错觉

宝宝产生乳头错觉之后会拒绝妈妈的乳头，遇到这种情况，妈妈不要气馁，应坚持让宝宝吸

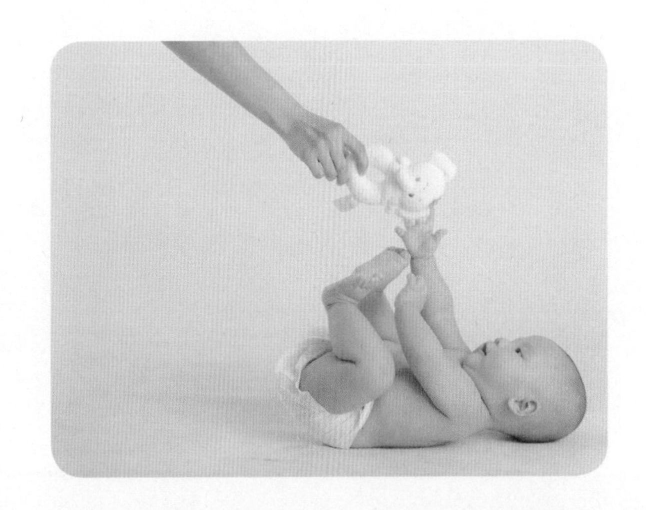

吮。宝宝等不到喜欢的奶嘴和奶瓶，饿了之后会重新接受妈妈的乳头，多吃几次，宝宝习惯了乳头之后就不会再哭闹。

有的宝宝恰好相反，喜欢妈妈乳头特有的味道和质感，拒绝吸奶嘴。妈妈可以在喂配方奶前用热水先给奶嘴加加热，这样能让奶嘴带有温度，变得更软，宝宝更容易接受。妈妈也可以挤些母乳涂在奶嘴上，让奶嘴也充满来自母亲的味道，这样也有利于宝宝接受奶嘴。

· 写给妈妈 ·

如果宝宝吃过配方奶后依然不入睡，或者入睡不到 1 小时就醒，说明上次喂奶量不足，下次再给宝宝冲调配方奶时可以适量增加一些。

如何进行人工喂养

吃奶量的确定

一般来讲，新生儿每千克体重每 12 个小时需要奶量为 100 ~ 120 毫升。不过，随着宝宝的长大，奶量也会随着变化，同时个体差异开始明显，因此宝宝的奶量不可用一个恒定的数字来简单地规定。只要宝宝的体重及大小便正常，对奶量在标准数值间的波动，妈妈不必担心。

按需喂养

和纯母乳喂养、混合喂养一样，人工喂养的宝宝依然需要坚持按需喂养的原则，宝宝睡得正香，妈妈不应强行把宝宝叫醒吃奶，宝宝饿了自然会醒来吃奶。

吃配方奶的宝宝需要及时喂水，一般安排在吃过配方奶之后的 1 ~ 2 小时，饮水量为 20 毫升左右。

如何喂奶

每次给宝宝喂奶以 15 ~ 20 分钟为宜，最好不要超过 30 分钟，两次喂奶时间可以间隔 3 ~ 4 小时。喂奶时应保持奶瓶垂直于宝宝的小嘴，如果使用的奶嘴有两个空，妈妈应将两空对着宝宝的两侧嘴角，以便奶嘴中充满奶汁，避免宝宝吸入过多的空气引发腹胀、溢奶。宝宝吃饱后，妈妈还需要将宝宝竖直抱起，让宝宝的头靠在自己的肩上，轻拍宝宝的背部，排出胃里的空气，防止溢奶。

· 写给妈妈 ·

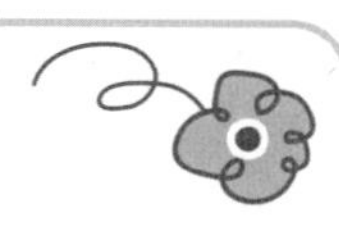

奶瓶里剩余的奶汁应马上处理，奶瓶应及时清洗并进行消毒。

怎样选购奶粉

新妈妈不能母乳喂养宝宝的时候，需要选择奶粉来喂养宝宝。配方奶粉以母乳为标准，对牛奶进行全面改造，使其最大限度地接近母乳，是最适合宝宝食用的奶粉。妈妈在选择配方奶粉时，应从生产商的历史、信誉、消费者反馈意见等方面来考虑，尽量选择大品牌、质量有保证的。

优质奶粉和劣质奶粉的区别

√颜色	优质奶粉呈白色，或略带淡黄色；劣质奶粉色深或带有焦黄色，有的则色白有结晶
√气味	优质奶粉散发轻淡的乳香味，无味或有异味者则为劣质奶粉
√手感	优质奶粉手捏时会感到松散柔软、平滑、有流动感；劣质奶粉手感粗糙，甚至有结块
√冲调	冲调后迅速溶解的是劣质奶粉；开始悬浮于水面，需要搅拌才能溶解的为优质奶粉

如何给一周内的宝宝冲调奶粉

出生 1 ~ 3 天的宝宝 1 平勺奶粉（奶粉不能冒出勺子）加 90 毫升温开水，每顿 20 ~ 40 毫升。出生 3 ~ 7 天的宝宝 1 平勺奶粉加 60 毫升温开水，每顿 40 ~ 80 毫升。出生 1 周后的宝宝 1 平勺奶粉加 30 毫升温开水，每顿 80 毫升以上。冲调配方奶的水温最好控制在 40 ~ 60℃（将白开水放至温热），喂之前先滴一滴奶汁在手背上，感觉微温最适合宝宝。

· 写给妈妈 ·

浓度高的奶粉不容易消化，因此妈妈给新生儿喂配方奶时需要稀释，不要让浓度过高的配方奶损伤宝宝的消化功能。1 周之后，宝宝的消化能力有所增强，妈妈可以按照配方奶粉的说明书和注意事项给宝宝冲调奶粉。

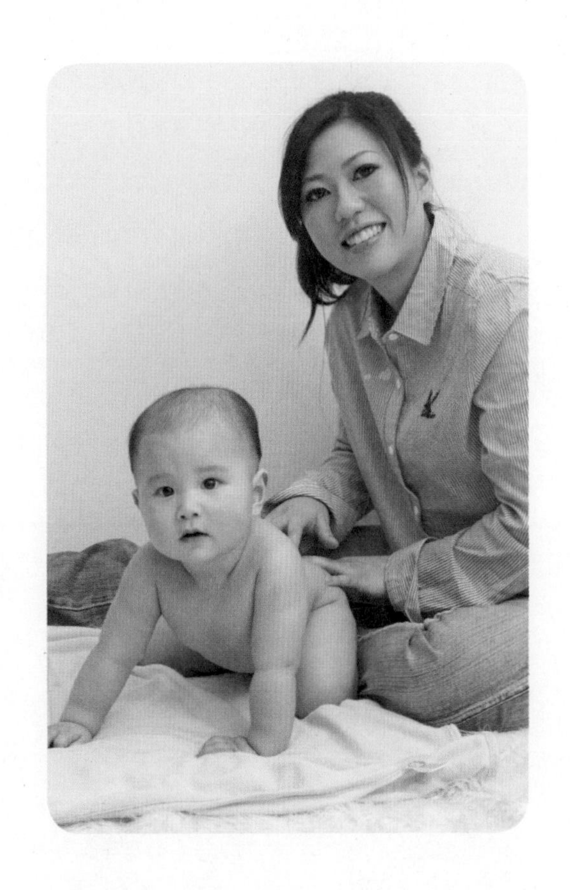

新手妈咪喂养误区

开奶前给宝宝喂代乳品

很多新妈妈担心宝宝从离开母体之后到开奶之前的空当会饿，甚至担心宝宝可能会出现低血糖，于是，在开奶前给宝宝喂淡糖水和配方奶就成了新妈妈的选择。不过，这样的担心是没有必要的，宝宝出生前就在身体里储备了大量的能量，开奶及时则完全可以抵抗饥饿。如果在母乳之前宝宝习惯了代乳品的味道，对于妈妈的乳汁，宝宝的渴望感就会大打折扣，妨碍以后的母乳喂养。

宝宝哭泣说明饿了

刚来到这个世界的宝宝还没有语言表达能力，他们的诉求都是通过哭泣传递给我们的。对于宝宝来说，现在最大的事情就是吃奶和睡觉，他们会选择哭泣的方式告诉妈妈自己的需要。然而很多妈妈初为人母，有时候难免会弄错宝宝的意图，宝宝一哭就喂奶，有时候宝宝反而越哭越厉害。在这里，新妈妈要认清一点，那就是哭泣不等于饥饿。正确的做法是先找出宝宝啼哭的原因，是不是尿布湿了？是不是室内温度不适合宝宝？然后根据实际情况采取措施，给宝宝创造一个温馨的成长环境，做个听得懂宝宝哭声的好妈妈。

塑料奶瓶比玻璃奶瓶好

玻璃奶瓶易碎，新妈妈为了宝宝的安全着想，认为塑料奶瓶不怕摔，更适合宝宝。其实，塑料奶瓶并不安全，这是因为制造奶瓶的材料中添加了一种叫 BPA（双酚基丙烷）的化工原料，长期使用可能会导致宝宝内分泌紊乱，诱发肥胖、性早熟，甚至有损生殖健康；使用蒸锅给塑料奶瓶消毒时更加危险，当温度超过 100℃之后，BPA 从奶瓶溶出更多，加大健康隐患。因此，给宝宝买奶瓶，最好还是选择玻璃奶瓶。

· 写给妈妈 ·

不同形状的奶瓶适合不同月龄的宝宝：圆形奶瓶适合 4 个月以下的宝宝；弧形奶瓶适合 4 个月以上的宝宝；带把手的奶瓶适合 1 岁左右的宝宝。

哺乳妈妈营养经

剖宫产妈妈怎么吃

什么时候能进食

剖宫产的新妈妈在手术后 6 小时之内都不能吃东西，这是因为术后肠腔里有大量的气体，这个时候吃东西容易造成腹胀。口渴了也暂时不要喝水，口唇干燥就用棉签蘸水滋润一下嘴唇。

食物的选择

熬过手术之后的 6 小时，剖宫产的新妈妈就可以吃些流质的食物了，比如米汤、菜汤。需要注意的是，不好消化，会引起胀气的流质食物这个时候不要给新妈妈吃，比如豆浆和牛奶。等到肠道通气之后，新妈妈可以吃些半流质食物，软烂的面条和稀粥都是不错的选择。

产后 4 天，剖宫产的新妈妈可以进食顺产新妈妈的饮食了，食物应营养均衡、口感清淡易消化，富含蛋白质以及膳食纤维，保证母婴营养的同时促进伤口的愈合。

·写给妈妈·

为预防腹胀，减少对伤口的刺激，剖宫产的新妈妈饮食尽量少选用豆类、糖类制品。

产后第一周怎么吃

刚生产完的新妈妈在产后的第一周宜吃清淡、低盐的食物，食补的重点是开胃、补血、排出恶露、促进子宫收缩。

均衡营养仍然需要坚持，不可一味大补，清淡、易消化的食物有助于减轻肠胃负担，恢复身体机能；适量多吃些利尿的食物，比如薏米、红豆，能帮助身体排出多余水分。生冷、坚硬、酸性、太咸、刺激性强的食物不适合新妈妈食用。

坐月子能吃盐吗

传统习俗认为新妈妈坐月子不能吃盐，摄取盐分会导致水分滞留在身体里，诱发疾病。其实盐所含的钠是人体不可缺少的元素之一，血液中钠元素含量过低会导致恶心、呕吐、低血压、头晕等不适，没有咸味的饭菜难以下咽，刚生产完的新妈妈大多胃口不佳，这样的饭菜更无法引起食欲，不利于身体机能的恢复以及分泌优质的乳汁。因此，坐月子不应禁盐。

可以吃盐并不代表能够多吃盐，新妈妈的饮食应该坚持低盐、低钠原则，控制食盐的摄入量，避免因钠元素超标引发产后水肿。新妈妈还需要避免食用隐含钠元素的食物，比如各种酱料、腌腊食物、罐头、味精。

补身体别吃老母鸡

新妈妈生产时血液中雌激素和孕激素的浓度会随着胎盘的脱出而大幅度降低，催乳素开始促进乳汁的生成和分泌。老母鸡的卵巢和蛋衣中含有一定量的雌激素，新妈妈吃老母鸡会导致血液雌激素水平再度上升，抑制催乳素发挥作用，引发乳汁不足甚至无奶。

新妈妈吃鸡最好选择公鸡，公鸡含有少量的雄激素，新妈妈食用可以促进乳汁分泌。公鸡脂肪含量也较母鸡少，不容易导致新妈妈发胖，还能够减少宝宝腹泻的发生概率。不过，如果新妈妈乳房发胀但无奶，不要吃公鸡促进泌乳，否则会导致乳腺炎。

幸福妈妈厨房宝典

红豆甜汤

原料：红豆 50 克
调料：红糖、冰糖适量
工具：小汤锅
烹调时间：1 小时
制作方法：

1. 红豆洗净，放入水中浸泡 3 小时备用；
2. 锅中加适量清水，煮沸后将红豆连浸泡用水一起倒入锅中，武火煮沸；
3. 文火继续煮 1 小时，加适量红糖、冰糖调味，再次煮沸即可。

营养分析

红豆可利尿、消肿、补血，红糖则具有益气补血、健脾暖胃、缓中止痛、活血化瘀的功效。这款甜汤有助于预防产后水肿和贫血。

双红姜汤

原料：红薯 125 克，姜 25 克，红糖 10 克
工具：小汤锅
烹调时间：25 分钟
制作方法：

1. 红薯洗净去皮后切块，姜去皮后用刀背拍碎；
2. 锅中加适量清水，煮沸后放入红薯块和姜末，开中火继续煮 15 分钟左右；
3. 将红糖放入锅中，再次煮沸即可。

营养分析

红薯含有多种维生素以及钾元素，有助于新妈妈预防产后水肿。红糖可补血补虚、活血化瘀、缓急止痛，帮助新妈妈温暖子宫。新妈妈吃这款甜品可以起到促进恶露排出的作用。

草鱼菠菜粥

原料：粳米 50 克，菠菜 50 克，草鱼 50 克
调料：葱、姜、盐适量
工具：小汤锅或电饭锅
烹调时间：40 分钟
制作方法：
1. 粳米洗净，放入清水中浸泡 30 分钟；
2. 草鱼去鳞去内脏，洗净后切成薄片，葱、姜洗净切丝；
3. 菠菜洗净，放入沸水中焯一下，捞出切段；
4. 锅中加适量清水，将粳米连同浸泡用水一起倒入，武火煮沸后改文火煮至九成熟；
5. 将剩余的所有食材放入锅中，加适量盐调味，煮熟即可。

草鱼肉嫩而不腻，具有开胃、滋补的作用，尤其适合身体瘦弱、食欲不振的新妈妈食用。菠菜含有多种维生素和矿物质，胡萝卜素和铁元素含量比较丰富，新妈妈食用还能促进胃肠蠕动，帮助消化，有助于改善产后便秘。

薏米红枣粥

原料：薏米 50 克，粳米 25 克，红枣 15 克
调料：白糖适量
工具：小汤锅
烹调时间：50 分钟
制作方法：
1. 薏米洗净，放入清水中浸泡 2 小时，粳米洗净，浸泡 30 分钟，红枣洗净、去核、切丁；
2. 锅中加适量清水，将薏米和粳米连同浸泡用水一起倒入，武火煮沸；
3. 红枣放入锅中，改文火继续熬煮成粥即可。

营养分析

薏米可健脾益胃、利水除湿，所含的多种维生素和矿物质能够促进新陈代谢，减轻胃肠负担，预防产后水肿。红枣可补脾健胃、安神补血。

第 2 周

生长发育特征

身体发育指标

出生第 2 周的宝宝体重继续下降，到第 10 天左右，这种下降会停止，之后体重会稳步增长。从外表来看，宝宝的变化不大，不过皱纹比刚出生时减少，皮肤开始变得光滑。

智能发展特点

宝宝面部表情丰富，会噘嘴、皱眉、微笑，能够无意识地抬抬胳膊、蹬蹬腿，托住腋下时宝宝还会出现踏步反射。宝宝抬头很困难，头部也无法保持竖直，当身体直立时，头部会前倾或后仰。

营养均衡的表现

营养均衡的宝宝

平均每天体重增加 30 ~ 40 克；睡得好，吃得香；面部表情丰富，喜欢笑。

营养失衡的宝宝

体重不增长或持续下降；入睡后易醒；吃过奶后没有快乐、满意的神情出现。

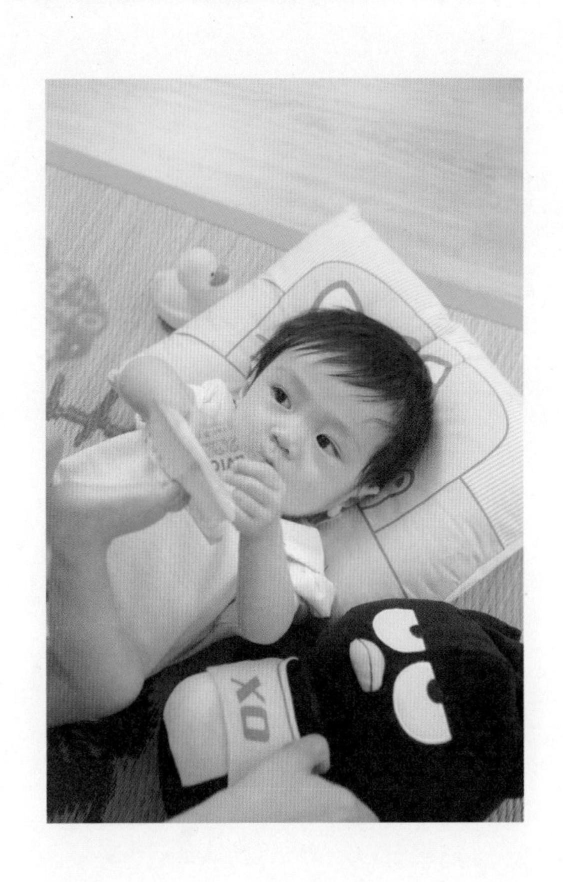

本期喂养细节

宝宝没吃饱的表现

1. 每天排尿次数减少，尿量也减少。

2. 吃过奶后入睡不到 1 小时就醒来哭闹。

3. 吃奶的时候，先是猛吸一阵，却听不到吞咽的声音，然后吐出乳头大声哭闹。

4. 吃过奶的宝宝依然又哭又闹，到处找奶吃。

5. 大便出现异常，不再是黄色软膏状，而是出现秘结、稀薄、发绿、次数增多，每次排便量减少等现象。

6. 体重增加缓慢或者根本就没有增长。

7. 精神不好，吃过奶后不是快乐地笑，要么又哭又闹，要么表现出异常的乖巧，经常连续睡眠超过 4 ~ 6 小时。

奶嘴奶瓶如何清洗消毒

清洗

妈妈需要准备两个奶瓶刷（1 大 1 小）和 1 瓶专门清洗奶瓶的清洗剂。每次喂完奶之后，妈妈应立刻将剩余的奶汁倒掉，先用清水冲洗一下奶瓶，然后加适量奶瓶清洗剂，大奶瓶刷刷一遍奶瓶（先刷里面后刷外面），小奶瓶刷刷一遍奶嘴（先刷外面再刷里面）。重点检查一下奶孔以及奶瓶奶嘴的连接处不要有残留的奶渍。最好用洁净的流动水多次冲洗奶瓶、奶嘴，洗净后倒放在家里通风的地方晾干。

消毒

宝宝的奶瓶、奶嘴需要每天消毒 1 次。妈妈可以购买专门的消毒锅，也可以用普通的蒸锅或者汤锅，用蒸锅蒸或者汤锅煮 8 ~ 10 分钟即可。给宝宝消毒奶嘴奶瓶的锅最好专用，不要再用于烹调食物，以免造成细菌滋生和污染。

宝宝溢奶怎么办

什么是溢奶

溢奶是新生儿时期比较常见的现象，属于正常的生理情况。这个时期宝宝的胃容量小，胃呈水平位，连接食管处的贲门括约肌不发达，闭合性差，连接小肠处的幽门括约肌发达，关闭紧，而宝宝吃奶的时候又会吸入一些空气导致奶水倒流回口腔，这样就引起了溢奶现象。

宝宝发生溢奶时，妈妈不要惊慌失措，应该仔细观察宝宝除了溢奶之外还有没有其他异常，如果没有其他情况发生，那么就不必担心，以后喂宝宝的时候注意喂奶姿势就可以了。如果宝宝呕吐频繁，呕吐物为黄绿色或者咖啡色的液体，出现腹泻、发烧等症状，那么需要马上送宝宝去医院就医。

·写给妈妈·

有时候宝宝会呕出豆腐渣状的奶块，这是奶水和胃酸发生作用的结果，属于正常现象。

如何减少溢奶

1. 减少空气进入胃部

妈妈的乳头过于短小，宝宝喝奶的时候不能将口腔充满，或是喂奶的奶嘴孔太大、奶瓶中的奶水没有充满奶嘴，都会造成宝宝用力吸奶嘴的同时吸入大量空气，进而引起溢奶。喂母乳时让乳头充满宝宝的口腔，选择适合宝宝的奶瓶和奶嘴，可以减少空气进入宝宝的胃中。

2. 喂奶姿势正确

正确的喂奶姿势可以有效降低宝宝溢奶的概率。妈妈给宝宝喂奶的时候最好坐着喂，抱起宝宝，让宝宝的身体处于 45° 左右的倾斜状态，这样胃里的奶汁自然就能流入到小肠中。

3. 拍嗝

喂完奶之后，妈妈不要把宝宝直接放在床上，而是应该把宝宝竖直抱起，将宝宝的小脑袋靠在自己的肩上，并用手轻轻地拍宝宝的后背，让宝宝打出嗝来，帮助宝宝把吃进去的空气排出来。打嗝之后的宝宝也可能发生溢奶，妈妈需要在喂奶之后再观察宝宝 30 分钟左右。

4. 侧卧片刻

宝宝吃过奶之后，妈妈可以让宝宝侧卧一会儿，最好选择右侧卧位，这样不仅可以防止宝宝溢奶，还可以避免吐出来的奶汁被宝宝吸入呼吸道，造成窒息。

·写给妈妈·

宝宝溢奶，妈妈应立刻给宝宝换成侧卧姿势，让乳汁沿着嘴角自然流出。

应该给宝宝喂水吗

不需要喂水的宝宝

纯母乳喂养的宝宝未满 6 个月都不需要喂水，母乳中含有充足的水分，能够满足宝宝生长发育的需要。

需要喂水的宝宝

配方奶喂养的宝宝两次喂奶之间需要适量喝些温热的白开水。

宝宝腹泻、出汗、发热时体内的水分丢失较多，及时补充水分，不仅有利于病情好转，还能避免因缺水导致的水电解质紊乱。

炎热、干燥气候也会造成人体水分流失，妈妈应注意给宝宝补充水分。宝宝经常用舌头舔嘴唇，或者嘴唇发干，说明体内缺水了。

新手妈咪喂养误区

夜里频繁给宝宝喂奶

充足的休息和睡眠不仅能够让新妈妈的体力和身体机能尽快恢复，还能够促进宝宝的生长发育，这是因为夜里正是生长激素分泌旺盛的时候。如果宝宝夜里睡得很香，虽然已经两三个小时没有吃奶，妈妈也不要叫醒宝宝，宝宝没有醒来哭闹说明并没有饿，这样做只会加重宝宝的肠胃负担，扰乱睡眠，导致宝宝食欲下降，影响生长发育。

出生两周的宝宝每天夜里需要喂奶 2 ~ 3 次，妈妈可以将睡前喂奶的时间向后推迟 1 小时，晨起喂奶时间提前 1 小时，这样就可以减少 1 次夜间喂奶，保证喂奶间隔不超过 6 小时。

给宝宝喝糖水

甜是人类的基本味觉，宝宝一旦尝过甘甜的糖水之后，就会不再喜欢甚至拒绝妈妈的乳汁，因为母乳没有那么甜。过早让宝宝尝试浓重的味道不利于其味觉系统的发展，更为日后偏爱甜食埋下隐患。

硅胶奶嘴比橡胶奶嘴好

按照材质不同划分，市售的奶嘴可分为橡胶和硅胶两种。橡胶奶嘴质地柔软，宝宝吸吮时能够感觉到奶汁的温度，感觉就像在吃母乳。硅胶奶嘴不易变形和受潮，便于清洗，但是不易传热，没有妈妈乳头的柔软度。妈妈可以根据宝宝的需要购买，如果宝宝过于依恋妈妈的乳头，妈妈可以选择橡胶奶嘴，但是橡胶奶嘴容易变形，宝宝使用一段时间后应及时更换。

妈妈脾气坏，宝宝喝毒奶

唐代大医孙思邈指出：母怒以乳儿，令儿喜惊，发气疝，又令儿癫狂。新妈妈情绪不佳，处于愤怒、焦虑、紧张、疲劳状态时内分泌会受到影响，导致乳汁的质和量发生变化；生气、愤怒之后身体产生的毒素会随着乳汁进入宝宝体内。情绪的大起大落、起伏不定还会影响妈妈大脑皮层的活动，可能抑制催乳素的分泌，引起母乳不足。

想分泌出优质的乳汁，除了加强饮食营养之外，妈妈还需要保持平和、轻松、愉悦的心情，保证充足的休息和睡眠。

哺乳妈妈营养经

产后第二周怎么吃

经过一周的调养，新妈妈的消化功能基本恢复，第二周可以吃更多种类的食物，第二周的饮食重点是补血、补钙、催乳。这一周依然需要积极补充生产时造成的失血，这一周也是收缩子宫与骨盆的重要时期，新妈妈应多吃富含钙质的食物以强健筋骨，避免腰酸背疼；乳汁分泌不理想的妈妈应着手催奶了，可适量喝些催乳汤，比如通草鲫鱼汤、红枣鲤鱼汤、乌鸡汤、花生猪蹄汤，忌食麦芽、麦乳精、人参、韭菜等回奶食物。

便秘是新妈妈常见的产后疾病，对此可以通过增加膳食中新鲜蔬菜和水果的食用量加以预防。自然生产的新妈妈还可以适量做点强度小、动作幅度不大的柔和运动，帮助肠胃蠕动。

红糖养人需适量

新妈妈生产后吃红糖有利于子宫的收缩和复原，能促进恶露的排出，其活血化瘀、益气补中、健脾暖胃的功效对新妈妈的身体恢复极有益处。但是食用红糖并非多多益善，过量食用红糖会导致恶露增多，造成慢性失血性贫血，影响子宫的恢复以及身体健康。建议新妈妈吃红糖的时间控制在 10 天以内，最多不超过 12 天。

素食妈妈如何补身体

与不忌荤食的新妈妈相比，素食的新妈妈容易缺乏蛋白质、钙、铁、维生素 B_{12}、维生素 A 等营养物质，应通过饮食调理来及时补充。

豆制品、坚果、牛奶、蛋类食物含有丰富的蛋白质和钙；除了动物性食物，深色蔬菜、粗粮、葡萄干等食物中也含有丰富的铁元素，不过植物性铁元素不易被人体吸收，可以通过多吃富含维生素 C 的食物促进吸收；海藻类、发酵的豆类食物可以帮助素食妈妈补充维生素 B_{12}；胡萝卜、杧果等橙黄色食物含丰富的维生素 A，但食用杧果时需谨防过敏。

素食的新妈妈最好能在专业医生的指导下利用药膳调理身体，尽快恢复体力和身体机能。

幸福妈妈厨房宝典

红糖小米粥

原料：小米 50 克，粳米 50 克，红糖 15 克

工具：电饭锅或小汤锅

烹调时间：35 分钟

制作方法：

1. 小米、粳米洗净备用；
2. 锅中加适量清水，煮沸后倒入小米和粳米，继续煮沸后改文火熬煮成粥；
3. 加适量红糖调味，再次煮开即可。

营养分析

小米所含的蛋白质、脂肪、维生素B_1、维生素B_2均比大米高，且含铁很丰富，具有健脾胃、补血的功效。红糖含铁量很高，是白糖的1~3倍，新妈妈适量食用红糖有助于排除瘀血，化生新血。

黄豆排骨汤

原料：黄豆 100 克，胡萝卜 150 克，猪大排 250 克

调料：陈皮、葱花、盐适量

工具：汤锅、砂锅

烹调时间：2 小时

制作方法：

1. 黄豆洗净，放入水中浸泡 30 分钟，陈皮洗净备用；
2. 锅中加适量清水，煮沸后放入排骨去血水，捞出备用；
3. 砂锅中加适量清水，煮沸后放入黄豆、排骨和陈皮，武火煮沸后改文火煲熟，加适量盐调味，撒入葱花即可。

营养分析

黄豆可增力气、补虚弱、益气养血、健脾宽中，有助于新妈妈恢复体力。排骨富含钙和铁，补钙补蛋白，新妈妈食用可补血、补充体力，预防产后腰酸背疼。胡萝卜具有健脾消食、补肝明目的作用，新妈妈食用可预防产后便秘。

清炖猪蹄

原料：猪蹄 250 克，蘑菇 100 克，葱花适量

调料：盐、料酒适量

工具：小汤锅、砂锅

烹调时间：1 小时

制作方法：

1. 蘑菇洗净，猪蹄洗净、去毛后剁成块备用；
2. 锅中加适量清水，煮沸后放入猪蹄略煮，捞出，用刀刮洗干净；
3. 锅中加适量清水，煮沸后放入猪蹄，文火煮至八成熟；
4. 将蘑菇放入锅中，继续煮至肉烂汤浓；
5. 加适量料酒和盐调味，撒上葱花即可。

猪蹄含有较多的蛋白质、脂肪和碳水化合物，可加速新陈代谢，延缓机体衰老；新妈妈吃猪蹄能起到催乳和美容的双重作用。此餐尤其适合产后气血不足、乳汁缺乏的新妈妈。

木瓜排骨汤

原料：木瓜 500 克，猪小排 500 克，葱花、姜片适量

调料：料酒、盐适量

工具：小汤锅、砂锅

烹调时间：1 小时

制作方法：

1. 猪小排洗净，剁成块，放入沸水中汆烫去血水，捞出备用；
2. 木瓜洗净，去皮、去籽后切成块；
3. 锅中加适量清水，煮沸后放入排骨块、姜片，加适量料酒和盐调味，武火煮沸；
4. 最后加适量盐调味，撒入葱花即可。

营养分析

猪小排含有丰富的优质蛋白质、钙和铁，新妈妈食用有助于预防产后贫血，恢复体力。木瓜则起到平肝和胃的作用，帮助新妈妈预防便秘以及消化不良。

第 3~4 周

生长发育特征

身体发育指标

指标＼性别	男宝宝			女宝宝		
	最小值	均　值	最大值	最小值	均　值	最大值
体重（千克）	2.9	4.3	5.6	2.8	4.0	5.1
身长（厘米）	49.7	54.6	59.5	49.0	53.5	58.1
头围（厘米）	35.4	37.8	40.2	34.7	37.1	39.5
胸围（厘米）	33.7	37.3	40.9	32.9	36.5	40.1

智能发展特点

宝宝的视力和听力均有较大发展，在视力范围内可以追着妈妈看，能够辨认出妈妈的脸和声音，对声音开始敏感，喜欢听悦耳的声音，会被突然或者刺耳的声音吓哭。宝宝的触觉敏锐，碰到脏尿布、干净尿布会用哭泣、满意来表达。

营养均衡的表现

营养均衡的宝宝：体重每天平均增加 30 ~ 40 克，到满月的时候大概会比出生时增加 75 ~ 100 克，身长增长 3 ~ 5 厘米；每次睡眠时间进一步延长；没有贫血症状。

营养失衡的宝宝：体重无增长，睡眠不佳，易生病。

本期喂养细节

适量给宝宝喂点鱼肝油

母乳中维生素 D 的含量不高，维生素 D 缺乏会影响钙质的吸收，导致宝宝骨骼发育不良，诱发佝偻病。宝宝太小不适合出门晒太阳，无法通过阳光补充维生素 D。妈妈可以在医生的指导下开始给宝宝喂些鱼肝油，尤其是早产儿、双胞胎、人工喂养的宝宝，以及冬季、梅雨季节，更应该坚持补充。

市面上鱼肝油产品五花八门，适合宝宝的鱼肝油是浓缩型的鱼肝油，维生素 A 和维生素 D 比例为 2∶1 的剂型最好。一般来讲，这种鱼肝油每周给宝宝喂 1 次，每次喂 1 ～ 2 滴即可。

· 写给妈妈 ·

妈妈可以通过食用富含维生素 D 的食物间接为宝宝补充维生素 D，比如蛋黄、动物肝脏、虾皮、胡萝卜、海鱼、牛奶等。

母乳喂养应兼顾前后奶

前奶指的是宝宝吃奶时先吸出来的乳汁，比较稀薄，主要成分是水和蛋白质，用于给宝宝补充水分。后奶指的是宝宝后来吸出的比较浓稠的乳汁，富含脂肪、乳糖以及其他营养物质，在为宝宝提供营养的同时能产生饱腹感。

妈妈给宝宝吃母乳时应两侧乳房轮流喂奶，宝宝吸尽一侧乳汁后再换另一侧，保证前奶、后奶都被宝宝吃到，这样才能为宝宝提供全面的营养。一侧乳汁已经能够满足宝宝的胃口，妈妈需要用吸奶器把另一侧的乳汁吸出来，利于泌乳。

患乳腺炎的妈妈如何哺乳

乳腺炎是月子里的常见病，常见于哺乳的妈妈，尤其是第一次当母亲的新手妈妈。妈妈患上乳腺炎，出现乳房肿胀、结块等症状，只要没有发热，就不影响正常的母乳喂养。宝宝有力的吸吮还可以帮助妈妈疏通乳腺导管，妈妈可以让宝宝先吸吮患侧乳头，再吸吮健侧。

如果乳腺炎很严重，形成了脓肿，妈妈可将乳汁用吸奶器吸出并丢弃，同时用健侧喂奶，或用奶粉替代。

· 写给妈妈 ·

发生了乳腺炎，妈妈不要轻易回奶，及时就医的同时应坚持母乳喂养宝宝。

如何止住宝宝打嗝

宝宝打嗝并不是一种病，属于正常的生理现象，一般很短的时间后就会停止，不会对宝宝造成伤害。如果宝宝频繁打嗝，妈妈可以尝试以下方法帮助宝宝。

拍背喂温水

这种方法适合宝宝因受寒凉引起的打嗝。妈妈先抱起宝宝，轻拍宝宝的背部，然后给宝宝喝点温开水，最后给宝宝盖上小被子。如果冬季太冷还可以在被子外面放置一个热水袋帮助宝宝保暖，不要把热水袋放进被子里，以免宝宝被烫伤。

按摩小肚皮

宝宝打嗝时，妈妈如果闻到不消化的酸腐异味，说明宝宝打嗝是乳食不当引起的。妈妈可以轻轻地顺时针按摩宝宝的胸部和腹部，这样可以使上逆的胃气下行，打嗝的诱因消除之后，宝宝自然就会停止打嗝。

正确喂奶

人工喂养的宝宝出现打嗝现象更为频繁，妈妈给宝宝喂奶时要避免宝宝进食太急太快、奶水太烫或太凉的情况出现，将奶粉冲调温热，同时喂奶时让宝宝慢慢吞咽，是止住宝宝打嗝的有效方法。此外，宝宝刚哭过不要马上喂奶，这样可以预防打嗝。

转移注意力

当宝宝打嗝的时候，妈妈可以放点柔缓的音乐给宝宝听，或者拿宝宝喜欢的玩具逗一逗宝宝，通过这些转移注意力的方法可以减少宝宝打嗝的概率。

吃奶时间长就是吃饱了

宝宝的个体差异越来越明显，从吃奶上看，有的宝宝喜欢在吸光乳汁之后继续吸吮一段时间（10 分钟左右），有的宝宝喜欢吸着乳头或奶嘴玩耍，每个宝宝吃奶的速度和吮吸的力度也不同，这些都导致宝宝吃奶的时间有长有短，吃奶时间的长短并不能准确判断出宝宝是否吃饱。

宝宝是否吃饱可以从吃奶后的状态、排便、体重几个方面来判断。宝宝吃饱了奶之后会表现出满足、快乐的神情，能安静地入睡，并且短时间（1 ~ 2 小时）不会醒来哭闹。宝宝吃饱后排出的大便呈黄色软膏状，如果宝宝的大便出现秘结、稀薄、发绿、次数增多但量少等情况，排除疾病因素外，这些现象都是宝宝没吃饱的表现。吃饱奶水的宝宝精神状态良好，体重一天天增加，如果宝宝的体重长时间增长缓慢，又没有患病，则说明宝宝可能经常吃不饱。

母乳喂养要无菌

宝宝的免疫系统薄弱，免疫功能发育尚不完善，因此必要的清洁工作妈妈必须做到位，但不需要刻意创造无菌环境。母婴居住的卧室不需要频繁使用消毒剂，妈妈的乳房也不需要频繁清洗。

与人工喂养不同，母乳喂养是一个有菌的过程，这并不是母乳喂养的缺点，相反，这个有菌的过程能够促进宝宝免疫系统发育，有利于宝宝的肠道健康。坚持无菌喂养对宝宝有害，常见的过敏性疾病和肥胖症与肠道菌群失调有一定关系，肠道菌群的正常建构离不开有益菌的参与，妈妈追求无菌的母乳喂养会给宝宝带来麻烦。

奶瓶刷没有差别

按照制作材质的不同，市场上出售的奶瓶刷可以分为两种：尼龙奶瓶刷和海绵奶瓶刷，两种奶瓶刷并没有实质性的优劣之分，只是由于材料不同，所以适合清洗不同的奶瓶。如果宝宝使用的是玻璃奶瓶，妈妈最好选购尼龙奶瓶刷，如果宝宝使用的是塑料奶瓶，那么妈妈需要购买海绵奶瓶刷。

· 育儿百宝箱 ·

市售的婴幼儿洗护用品都声称不会对宝宝造成任何伤害，但它们都属于化学产品，经常使用仍然会使宝宝娇嫩的皮肤受到刺激，导致过敏。

给宝宝洗脸其实用温热的清水即可，不必使用洗面奶。洗头、洗澡时，妈妈可以每周给宝宝使用 1 次洗发水、沐浴液（也可以购买洗头、洗澡功效二合一的产品），其余时间用清水清洗即可。

如果宝宝头上有奶痂，妈妈需要每周使用两次洗发水给宝宝洗头。宝宝洗澡、洗脸后不需要擦润肤露、护肤乳，宝宝的皮肤根本不能吸收这些物质，这些物质残留在脸上、身体上容易滋生细菌，造成感染。

哺乳妈妈营养经

产后第 3~4 周怎么吃

新妈妈经过两个星期的调养，生理机能已经大体恢复，从第 3 周开始子宫基本恢复，恶露基本消失或变得很少，分娩带来的疲劳基本消除，体力恢复到产前水平，进入第 4 周后，新妈妈的身体和心理都回归到正常状态。

进入第 3~4 周之后，除了要继续补气养血、恢复身体机能之外，新妈妈的餐桌上还需要加入抗老化食材，比如莲子、雪蛤等，以帮助新妈妈尽快恢复生产前的容颜。从现在开始可以给新妈妈吃些温补的食物了，只要食疗得法，妈妈在体验抚养宝宝的乐趣的同时，还能获得健康的体质。

新妈妈产后进食蔬菜和水果偏少，很容易出现上火、便秘、口干等阴虚火旺的症状，此时可以增加蔬果、水分的摄入，缓解产后便秘。

· 写给妈妈 ·

第 3 周开始，新妈妈可以做些简单的家务，以不感到疲劳为宜。进入第 4 周，新妈妈可以外出散步或者购物，但不要长时间站立，更不要提重物。

患病妈妈的饮食

糖尿病妈妈	不喝使用水淀粉勾芡的浓汤，少吃含有单糖或者双糖的食物（比如葡萄糖、水果、蜂蜜），控制碳水化合物的摄入量，坚持少食多餐，定时定量。
高血压妈妈	不吃高盐、高糖、高胆固醇食物，坚持清淡饮食，少吃脂肪含量高的肉类，比如五花肉、肥牛肉，鳗鱼、鱿鱼的食用量应加以控制。
甲亢妈妈	使用无碘食盐烹调食物，不吃燥热食物（姜、蒜、辣椒），少吃海产品；少食多餐，不暴饮暴食；补充充足的水分，禁咖啡、浓茶、烟酒。

月子里不适合吃的食物

巧克力	导致产妇肥胖，损伤宝宝神经系统和心脏，导致宝宝消化不良、睡眠质量下降、爱哭闹。
茶	影响睡眠，所含鞣酸引发贫血，诱发宝宝肠痉挛。
咖啡	影响睡眠和宝宝的生长发育。
大麦	包括大麦芽、麦乳精、麦芽糖，导致新妈妈回奶。
鹿茸	上火，阳气更旺、阴气更损，诱发阴道不规则出血症状。
人参	导致血压和体温升高、烦躁、失眠、上火、便秘、鼻出血。
生冷食物	影响消化系统和牙齿，造成脾胃损伤，阻碍产后恶露的排出。
辛辣食物	加重内热，造成便秘、口舌生疮，导致宝宝夜啼。
酸性食物	刺激新妈妈虚弱的胃肠，引起诸多不适，损伤牙齿。
油腻食物	加重胃肠负担，导致产后肥胖，造成宝宝腹泻。

坐月子适合吃的水果

苹果	生津、解暑、开胃，预防、改善产后便秘。
番木瓜	降压、解毒、消肿驱虫，促进乳汁分泌，消脂减肥。
猕猴桃	解热、止渴、利尿、通乳，提高免疫力，需热水烫温后食用。
桂圆	益心脾、补气血、安心神，尤其适合产后体质虚弱的妈妈。
葡萄	补气血，强筋骨，利小便，抗疲劳。
香蕉	清热、润肠、助眠、通便，使心情舒畅，对抗产后抑郁，需热水烫温后食用。
菠萝	生津止渴、止泻、利尿，消除疲劳，增进食欲，促进产后恢复。

幸福妈妈厨房宝典

黄豆炖猪蹄

原料：黄豆 100 克，猪蹄 1 个，姜、葱适量
调料：盐、米酒适量
工具：砂锅
烹调时间：2 小时
制作方法：
1. 黄豆洗净后用清水浸泡 30 分钟，葱洗净切段，姜洗净切片；
2. 猪蹄洗净，剁成块后放入沸水中汆一下，捞出备用；
3. 砂锅中加适量清水和米酒，放入所有食材，炖 1.5 小时左右，最后加适量盐即可。

营养分析

黄豆营养丰富，具有健脾宽中、润燥益气等功效；猪蹄可补虚弱、填肾精，富含胶原蛋白和弹性蛋白，能够促进乳汁分泌。这款汤可滋阴养血、下乳汁，适合乳汁不足的新妈妈食用。

山药烧排骨

原料：山药 250 克，猪排骨 250 克，葱丝、姜丝适量
调料：白糖、料酒、植物油、盐适量
工具：小汤锅、炒锅
烹调时间：1 小时
制作方法：
1. 排骨洗净剁成块，山药洗净切滚刀块备用；
2. 锅中加适量清水，煮沸后倒入排骨焯一下，捞出沥水；
3. 锅中加适量植物油，烧至四成热时放入白糖，炒至糖色；
4. 将排骨放入锅中翻炒均匀；
5. 将山药块、葱姜蒜放入锅中，加适量料酒调味，文火煮熟后加适量盐调味即可。

营养分析

山药具有健脾补肺、益胃补肾、强筋骨、安神延年的功效，适合食欲不振的新妈妈食用；排骨则是为新妈妈和宝宝补充钙质的优质食材。这款菜可壮骨强身。

油菜粥

原料：油菜 100 克，粳米 50 克
工具：小汤锅
烹调时间：35 分钟
制作方法：
1. 油菜洗净后切成粗丝，粳米洗净备用；
2. 锅中加适量清水，倒入粳米和油菜丝，武火煮沸后改文火熬煮成粥即可。

营养分析

产后3~4周是急性乳腺炎的高发期，油菜能够解毒消肿、宽肠通便、促进血液循环。这款粥可清热解毒，适合患有急性乳腺炎的新妈妈食用。

清蒸鲈鱼

原料：鲈鱼 1 条，葱姜丝适量
调料：料酒、盐、蒸鱼豉油
工具：蒸锅
烹调时间：30 分钟
制作方法：
1. 鲈鱼去鳞、去内脏，洗净后塞入葱姜丝，加适量料酒和盐腌制片刻；
2. 锅中加适量清水，放入鲈鱼，武火蒸 10 分钟，关火；
3. 等待 8 分钟后取出鲈鱼，淋入蒸鱼豉油即可。

营养分析

鲈鱼可健脾补气，尤其适合产后贫血头晕的新妈妈食用。清蒸鱼口感细嫩、味道清淡，有助于新妈妈提高食欲。

第 2 个月

生长发育特征

身体发育指标

性别 / 指标	男宝宝			女宝宝		
	最小值	均　值	最大值	最小值	均　值	最大值
体重（千克）	4.7	6.1	7.6	4.4	5.7	7.0
身长（厘米）	55.6	60.4	65.2	54.6	59.2	63.8
头围（厘米）	37.0	39.6	42.2	36.2	38.6	41.0
胸围（厘米）	36.2	39.5	43.4	35.1	38.7	42.3

智能发展特点

宝宝的自发性动作增多，原始反射消失，能够俯卧抬头，可以停下吸吮动作去倾听声音，能够注视亲人和自己的小手。喜欢笑，并且能够咯咯地笑出声。宝宝开始出现短暂记忆，能够对父母亲作出不同的反应。

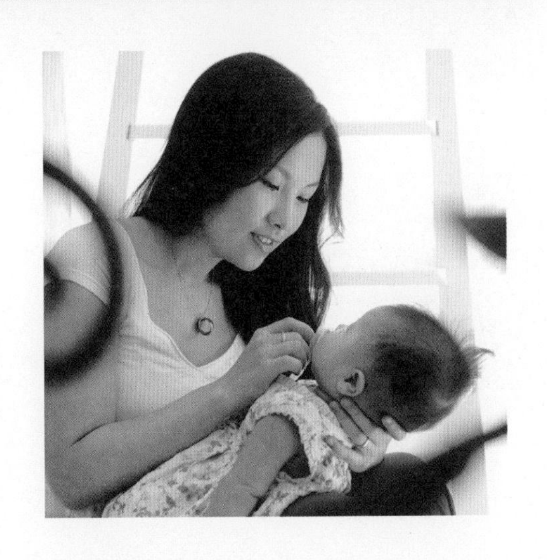

营养均衡的表现

营养均衡的宝宝	营养失衡的宝宝
身高、体重继续快速增长；醒着时常常笑，很快乐；不易生病。	前囟门超过 3 厘米，方颅、多汗、夜惊需警惕佝偻病；服用鱼肝油的宝宝出现厌奶、拒奶、低热、呕吐、出汗、便秘、精神差，甚至抽搐应考虑是否维生素 D 中毒。

本期喂养细节

宝宝生理性腹泻怎么办

什么是生理性腹泻

生理性腹泻多发于 6 个月以下的宝宝，患有生理性腹泻的宝宝看起来比较胖，常常被湿疹折磨，出生后不久就腹泻，每天大便次数多，一天可达六七次甚至十几次，稀便呈黄绿色或黄色，大便无脓血及不消化食物。宝宝无其他不适症状，精神好、食欲佳、无呕吐、尿量正常、体重增长，添加辅食后大便逐渐转为正常，这种腹泻称为生理性腹泻。

如何应对生理性腹泻

妈妈应认真观察宝宝有无其他异常现象出现，注意将生理性腹泻与病理性腹泻区分开，认真记录宝宝每天的大便次数及性状、精神状态、尿量、食量、体重。宝宝腹泻后应马上取样，在 2 小时内送至医院进行检查，经医生诊断后确诊为生理性腹泻可不采用任何治疗，不要自己根据经验和书本妄下结论，以免延误了宝宝的病情。

生理性腹泻既不属于消化道感染，也不属于消化不良，不会影响宝宝的生长发育，因此不需要任何治疗。如果妈妈给宝宝吃药止泻，这些具有抗感染、收敛、助消化作用的药物也是有一定毒性的，对宝宝无益。

不需要治疗不是说放任不管，妈妈需要加强对生理性腹泻宝宝的护理，及时更换尿布或纸尿裤，经常用温水清洗宝宝臀部、会阴部，软膏涂抹，避免造成局部感染。

· 写给妈妈 ·

给女宝宝清洗会阴时应从前向后擦洗，擦干时也应从前向后，防止肛门内的细菌进入阴道和尿道。

如何预防宝宝维生素 K 缺乏

和维生素 D 一样，母乳中维生素 K 的含量也较低。6 个月以下的宝宝生长发育迅速，对维生素 K 的需求量增多，由于宝宝肠道内合成维生素 K 的菌群不足，无法满足身体对于维生素 K 的需求，因此容易发生维生素 K 缺乏性出血疾病，早产宝宝、出生时体重低的宝宝更易出现这种情况。

预防是避免宝宝出现维生素 K 缺乏的关键。母乳喂养的宝宝可以通过母乳间接补充维生素 K，妈妈适量多吃些富含维生素 K 的食物（绿色蔬菜、鱼类、动物肝脏）可以增加乳汁中维生素 K 的含量。0~3 个月的宝宝可以在医生的指导下口服维生素 K，一般为每日 25 微克；或出生口服 2 毫克，1 周、1 月时再分别口服 5 毫克（一共 3 次）。由于我国规定婴幼儿配方奶粉中需添加维生素 K，因此混合喂养和人工喂养的宝宝，可以在医生的指导下确定补充量。

感冒的妈妈如何喂宝宝

感冒属于常见疾病，特别是天气变化大或者季节转换时，妈妈更容易患上感冒。感冒了，很多妈妈的做法是不再给宝宝吃母乳，这样并不能保护宝宝不受病毒侵害，因为病毒早就通过身体、空气的接触传给了宝宝，停止母乳喂养反而会阻碍宝宝从母乳中获得抗体，降低免疫力。

给宝宝喂奶时，妈妈可以戴上口罩，以免呼出的病原体通过空气直接进入宝宝的呼吸道。妈妈可以多喝开水，服用感冒冲剂、板蓝根冲剂等治疗感冒，如果病情较重，需要遵医嘱服药，不要私自买药服用，避免药物对宝宝造成伤害。

· 写给妈妈 ·

母乳喂养宝宝时，妈妈应避免服用的禁忌药物有抗癌药物、放射性同位素、大量水杨酸、碘化物、溴化物、可卡因、抗凝血剂、抗炎剂……

如何减轻夜间喂奶压力

按需喂奶

宝宝生长发育迅速，夜里醒来要奶吃是必然的现象，越小的宝宝夜里吃奶的次数越多。夜间频繁喂奶既不利于宝宝的身体发育和智力发展，也会消耗妈妈的体力和精力，妈妈可以根据宝宝的需求按需喂奶。

延长喂奶间隔

未满月的宝宝每天夜里需要喂奶2～3次，等到宝宝满月后，随着夜里一次性睡眠时间的延长，妈妈就可以慢慢减少夜里喂奶的次数了。减少喂奶次数的同时，妈妈需要保证宝宝每天的吃奶量，可以在睡前把宝宝喂得饱一些，早晨起床后的第一顿奶可以适当提前一点。

尝试躺着喂奶

坐着喂奶是比较安全的姿势，躺着喂奶则会增加宝宝溢奶、呼吸困难甚至窒息的风险。不过，夜里坐着喂奶实在太考验妈妈的体力和精力，躺着喂奶可以让妈妈和宝宝都获得轻松，特别是冬天，坐着喂奶很容易让宝宝着凉。尝试躺着喂奶时，妈妈需要在身后多垫几个枕头，自己选择侧卧的姿势，让宝宝和自己面对面侧卧，乳头与宝宝的嘴巴处于同一水平面上。躺着喂奶是妈妈和宝宝互相配合的一种姿势，刚开始也许并不成功，宝宝经常吃不到奶，妈妈需要多练习几次，找到最适合自己和宝宝的姿势。

营造环境

夜里起床喂奶时妈妈需要保持安静，尽量减少母婴间的互动，以免刺激宝宝，导致宝宝不久之后又会醒来哭闹。灯光宜柔和、昏暗，让宝宝逐渐养成夜里睡觉，不睡颠倒觉的好习惯。

寻找帮手

人工喂养的宝宝夜里需要吃奶，爸爸可以助妈妈一臂之力，帮忙冲泡奶粉，给宝宝喂奶，减轻妈妈夜里喂奶的压力。给宝宝喂奶时需要注意保暖，不要急着把宝宝抱起来，先给宝宝包上一床小被子再抱起宝宝，喂过奶之后不要忘记拍嗝，避免宝宝溢奶。

·写给妈妈·

躺着喂奶有一定的危险性，妈妈即使躺着也不要睡着了，以免熟睡时翻身，造成宝宝呼吸困难甚至窒息。此外，妈妈也不能整夜让宝宝含着乳头睡觉，习惯了含着乳头睡觉的宝宝会养成不良的习惯，影响乳汁的消化吸收和整夜的睡眠，妈妈的乳头也更容易发生皲裂。

新手妈咪喂养误区

警惕怪味宝宝

正常情况下，宝宝身上会散发出淡淡的奶香味，没有其他的怪味道。如果妈妈闻到宝宝身上有怪味，不要掉以轻心，以免错过最佳治疗时机。

不需要担心的怪味

有的宝宝小便的味道带有呛人的氨水味，这属于正常现象；有的妈妈听信老年人的经验之谈，很少给宝宝洗澡，卫生状况不佳导致宝宝身上产生难闻的气味，只要坚持经常给宝宝洗澡就没问题了。

需要警惕的怪味

宝宝身上有特殊的怪味，妈妈要警惕先天性代谢疾病。

患枫糖尿症的患儿身体会散发出枫糖味、焦糖味、咖喱味，患高蛋氨酸血症会散发出煮白菜味、腐败的黄油味，患焦谷氨酸血症会散发出汗脚味，患苯丙尿酮症会散发出老鼠臊味，患丁酸乙酸血症会散发出臭鱼烂虾味。这些都属于先天性代谢疾病，病因多是由于与遗传有关的基因发生突变，导致某种酶或者结构蛋白的缺陷，使机体产生异常代谢产物，通过汗液、小便排出体外，散发出各种难闻的怪味。

发生先天性代谢疾病的概率很低，因此妈妈不必过度疑心。如果宝宝身上有怪味，妈妈先从卫生方面找原因，之后可以带宝宝到医院进行检查，找出具体的原因，给以及时的治疗。

边喂奶边逗宝宝

满月后的宝宝在妈妈的引逗下会微笑，两个月的宝宝则能够笑出声来，不过，妈妈给宝宝喂奶时千万不要逗宝宝。正在吃奶的宝宝在妈妈的引逗下会发笑，如果口腔里有未来得及吞咽的乳汁则易被吸进气管，轻则导致宝宝呛奶，严重则会引发吸入性肺炎。妈妈给宝宝喂奶的时候尽量创造一个安静、柔和的环境。

化着浓妆喂奶

终于出了月子，妈妈的身体机能和体力都得以恢复，精神面貌也焕然一新，爱美的天性使得很多妈妈养成每天化妆的习惯，这对宝宝的健康成长不利。

妈妈的体味对宝宝有着一种特殊的魔力，闻着专属于妈妈的味道，宝宝会感到幸福与安全，并且产生出愉悦的吃奶情绪。浓烈的化妆品气味会掩盖住妈妈的体味，宝宝闻不到熟悉的气味会一时难以适应而产生失落情绪，吃奶量也会随之减少，长此以往将会严重影响生长发育。另外，粉末状的化妆品还会引发宝宝过敏。

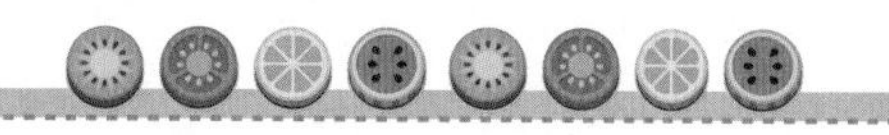

· 写给妈妈 ·

纯棉材质的内衣最适合妈妈，化纤材质的内衣会脱落纤维，容易将乳腺管堵塞，影响泌乳。

哺乳妈妈营养经

别急着减肥

太早减肥危害母婴健康

少吃含脂肪食物的节食减肥方法会导致食物中提供的脂肪不足以满足妈妈自身需求和乳汁的分泌，身体只好动用体内储存的脂肪来产奶，而这种脂肪对于宝宝的健康是有害的。吃减肥药则会伤害妈妈和母乳宝宝的肝脏、肾脏，针灸减肥和剧烈运动减肥同样会损伤妈妈的身体。

减肥的最佳时机

月子里不可减肥：此时身体最虚弱，哺乳和育儿消耗大量体力和精力，身体需要充足的休息和恢复。

产后 6 周可计划：坐完月子不能马上减肥，产后 6 周可以计划如何健康减肥，同时适量做些柔和的运动，保持均衡饮食。

产后满 2 个月可适当减重：加大运动量，控制饮食。母乳喂养的妈妈应注意保证营养的摄入，避免乳汁质量降低。

产后 4 个月增力度：不需哺乳的妈妈可以使用产前的减肥法，需要哺乳的妈妈只能通过适度运动减肥，不建议节食减肥。

· 写给妈妈 ·

产后 6 个月，妈妈必须开始减肥，以免造成长期肥胖。

妈妈偏食影响乳汁质量

妈妈的营养状况决定着分泌乳汁的质与量，妈妈营养充足才能分泌出营养全面的乳汁，满足宝宝的生长发育需要。偏食会导致妈妈身体里某一类营养物质不足，间接造成宝宝营养不良，某些多出来的营养素还会影响宝宝的健康。比如，不喜欢油脂的妈妈脂肪摄取不足会导致母乳中脂肪含量偏低，对宝宝智能和视觉的发育不利；长期吃素的妈妈极可能缺乏钙、锌，母乳中缺乏这两种物质会导致宝宝发育迟缓；嗜食过咸食物的妈妈会分泌出钠、氯元素超标的乳汁，加重宝宝的肾脏负担。

建议妈妈坚持均衡饮食，荤素兼顾，粗粮、细粮搭配着吃，不挑食、不偏食，保证自身营养的同时满足宝宝的营养需求。

多吃海产品的益处

婴儿期是宝宝脑部和神经系统发育的黄金时期，Ω-3 多不饱和脂肪酸、DHA（俗称脑黄金）、蛋白质、锌、碘等营养素是其发育不可缺少的物质，而这些营养物质在海产品中有丰富的含量。母乳的营养决定了宝宝的营养，妈妈增加海产品的摄入可以提高母乳中不饱和脂肪酸、DHA、蛋白质、锌、碘的含量，进而促进宝宝的生长发育。

幸福妈妈厨房宝典

娃娃菜炒香菇

原料：香菇100克，娃娃菜150克，胡萝卜50克，葱花适量

调料：植物油、盐适量

工具：炒锅

烹调时间：20分钟

制作方法：

1. 香菇洗净切片，娃娃菜洗净切条，胡萝卜洗净切片备用；
2. 锅中加适量植物油，烧热后下葱花炝锅，放入娃娃菜、胡萝卜和香菇翻炒至熟，加适量盐调味即可。

营养分析

娃娃菜富含胡萝卜素、B族维生素、维生素C、钙、磷、铁等营养素，妈妈食用可起到养胃生津、除烦解渴、利尿通便的功效。香菇在补充各种营养物质的同时能够提升妈妈的抗病能力。这款菜有助于抵御疾病、排毒养颜。

杂拌木耳核桃

原料：木耳30克，核桃仁100克，红柿子椒50克，芹菜叶适量

调料：芝麻油、盐、生抽、醋适量

工具：小汤锅

烹调时间：25分钟

制作方法：

1. 木耳放入水中泡发、洗净，核桃仁洗净，红柿子椒洗净、去籽切丁，芹菜叶洗净备用；
2. 锅中加适量清水，煮沸后倒入木耳，焯熟后捞出放入凉水中过一下，沥去水分备用；
3. 将适量生抽、醋、芝麻油和盐放入碗中，搅拌成调味汁；
4. 木耳、核桃仁、红椒丁放入碗中，淋入调味汁拌匀，放上芹菜叶点缀即可。

营养分析

核桃可健胃补血、润肺养神，不仅有助于妈妈恢复体力和精力，还能通过乳汁为宝宝的大脑提供发育所需的营养物质，促进宝宝的智力发育。木耳则能帮妈妈促进胃肠蠕动，排出体内废物。

红枣莲藕排骨汤

原料：猪小排 250 克，莲藕 250 克，红枣 50 克
调料：盐适量
工具：小汤锅
烹调时间：1 小时
制作方法：

1. 莲藕洗净、去皮、切块，红枣泡软备用；
2. 猪小排洗净，剁成块，倒入沸水中汆一下，捞出备用；
3. 锅中加适量清水，放入排骨块，煮沸后放入藕块、红枣，继续煮沸，改文火煮至肉烂。

红枣可补气养血、健脾益胃，帮助妈妈提高食欲，预防产后贫血。排骨含有丰富的蛋白质、钙、铁，能够促进妈妈的体力恢复。莲藕可健脾和胃、益血生肌。这款汤有助于妈妈身体机能的恢复。

银耳水果沙拉

原料：猕猴桃 100 克，苹果 100 克，橙子 100 克，银耳 10 克，沙拉酱适量
调料：冰糖适量
工具：小汤锅
烹调时间：25 分钟
制作方法：

1. 银耳用水泡开，洗净后撕成小块；
2. 猕猴桃、苹果、橙子洗净去皮后切成丁；
3. 锅中加适量清水，放入银耳，煮沸后放入适量冰糖，煮至软烂，关火，放凉；
4. 将各种水果丁放入盘中，浇上冰糖银耳，淋入沙拉酱即可。

营养分析

苹果、橙子、猕猴桃能够为妈妈提供丰富多样的维生素，有助于提高乳汁质量，同时提升妈妈的免疫力，大量的膳食纤维还能够防治便秘。银耳富含维生素D，有助于母婴补钙，滋阴润肤的功效能够帮助妈妈祛斑美容。

第 3 个月

生长发育特征

身体发育指标

指标＼性别	男宝宝			女宝宝		
	最小值	均　值	最大值	最小值	均　值	最大值
体重（千克）	5.4	6.9	8.5	5.0	6.4	7.8
身长（厘米）	58.4	63.0	67.6	57.2	61.6	66.0
头围（厘米）	38.4	41.0	43.6	37.7	40.1	42.5
胸围（厘米）	37.4	41.4	45.3	36.5	39.6	42.7

智能发展特点

宝宝能够翻身 90° 以上了，认识妈妈并会对着亲人微笑，开始咿呀发声。小手大部分时间是张开的，会握紧拳头或拍打物体，双手可以握在一起。快乐的时候，手脚会大幅度舞动。

营养均衡的表现

营养均衡的宝宝	营养失衡的宝宝
身长比出生时增长约 25%，体重增加 1 倍，夜里吃奶次数逐渐减少，夜间睡眠时间延长。	不快乐，易生病且不易自愈，夜啼且伴有出汗、枕秃的宝宝极有可能缺钙。

本期喂养细节

给宝宝喂药的注意事项

看清标签

给宝宝吃药前，妈妈需要认真地看一看药物标签，了解药物的用途和用量，避免宝宝吃错药、吃过量，发生药物中毒。每天吃几次、每次吃多少、吃几天，妈妈最好遵照医嘱，不要随意增减药量。

喂药的方法

给宝宝喂液体药物时应先把药液摇匀再喂给宝宝，如果是粉状、片状药物，考虑到宝宝的吞咽能力有限，妈妈应先用温开水将药物调匀再喂。

未满 6 个月的宝宝味觉发育不够完善，对各种味道并不敏感，包括苦味，给宝宝喂药可用滴管将药液顺利送入宝宝嘴里。

喂药的误区

错误做法	正确做法
随便给宝宝吃亲朋介绍的处方药	遵照医嘱
病情没改善仍然喂药	尽快带宝宝去医院
用奶瓶给宝宝喂药	用滴管给宝宝喂药
几种药混成一杯喂	分开喂（中药和西药应间隔 1 小时）

冷藏母乳如何加热

妈妈因事外出不能哺乳时，可以在前一天把宝宝吃不完的乳汁用吸奶器吸出来，放在冰箱里冷藏，自己离开家时可以请照顾宝宝的保姆或者长辈热给宝宝喝。不过给母乳加热时不宜选择微波炉或者炉火加热。微波炉加热会减少母乳中甲型免疫球蛋白和维生素 C 的含量，并且受热不均匀，宝宝的肠胃很敏感，被凉奶刺激后容易出现不适；炉火温度过高，常常超过 56℃以上，这样的高温加热会减少母乳中甲型免疫球蛋白及酶的活性。

适合给母乳加热的方法是将装有母乳的容器放入不到 50℃的温水中浸泡，并不时摇晃容器，让母乳均匀受热，这样也能使母乳中的脂肪混合均匀。

冲奶粉先加水还是奶粉

很多妈妈觉得先加奶粉还是水都差不多，其实先加奶还是先加水对浓度影响很大。建议妈妈冲奶粉时先加水后加奶粉，这样冲调出来的配方奶浓度刚刚好，切忌先加奶粉后加水，这样冲出来的配方奶比合适的比例浓，不利于宝宝的消化吸收。

· 写给妈妈 ·

最好不要给宝宝喝冷冻后解冻的母乳，更不能将母乳反复解冻。

新手妈咪喂养误区

腿不直是佝偻病

腿弯是正常现象

正常新生儿的身体呈屈曲状态，上肢像个“W”形，下肢像个“M”形，年龄越小，这种屈曲状态越明显。宝宝的腿不直属于正常的生理现象。

妈妈不要过于紧张，认为宝宝患上佝偻病，急着给宝宝补钙、吃鱼肝油，导致宝宝体内钙质积聚，引起食欲下降、恶心和消瘦，血钙和尿钙异常升高，甚至导致肾、脑、心、肺等器官出现异常钙化。

· 育儿百宝箱 ·

头部摇晃综合征是宝宝因受到持续摇晃而对脑部产生的一种损害，宝宝头部的髓磷脂还不能起到保护大脑的作用，持续猛烈的摇晃会造成大脑组织前后碰撞，严重时甚至可能导致头部毛细血管破裂，引发死亡。轻轻地摇晃宝宝不会对宝宝造成伤害，还可以安抚哭闹的宝宝，让他们破涕为笑，渐渐安静下来。不过，妈妈千万不要用力摇晃宝宝，也要叮嘱照顾宝宝的保姆、长辈以及来看望宝宝的亲友，避免大家逗宝宝笑时过度摇晃宝宝，导致头部摇晃综合征。

宝宝哭泣时可以抱着宝宝安抚，保持室内安静、光线柔和，也可以带宝宝外出散步。妈妈不要在自己生气、愤怒时抱着宝宝摇晃，因为激动的情绪很可能让人失去控制力度的理智。

如何预防佝偻病

佝偻病是宝宝常见的营养性疾病，由于摄入维生素 D 不足引起体内钙磷代谢紊乱导致骨骼钙化不良。早产的宝宝、人工喂养的宝宝容易患上佝偻病。佝偻病重在预防，宝宝出生后 2~3 周应及时补充维生素 D，出生 3 个月后补充钙剂。阳光浴能够帮助宝宝补充维生素 D，妈妈应多带宝宝到室外活动，但阳光浴补充的维生素 D 数量有限，经常在户外活动的宝宝依然需要吃鱼肝油补充维生素 D。

药物混合母乳后喂宝宝

宝宝不肯乖乖吃药时，一些妈妈选择把药物混在母乳里，这种做法对宝宝的病情恢复不利，这是因为药物和母乳充分混合后会出现凝结现象，降低药效。此外，如果妈妈混合的母乳过多，宝宝一次吃不完，相当于减少了药量，药效也会随之打折扣。

有的妈妈会试着自己吃下宝宝的药物，然后通过分泌母乳将药物间接喂给宝宝，这种做法更加有害：是药三分毒，健康的妈妈吃药等于服毒，首先损伤了自己的健康，不健康的身体分泌的母乳质量降低，对宝宝有害无益；药物被妈妈吸收后，进入母乳的量有限，宝宝通过母乳吃到的药量更是微乎其微，达不到应有的治疗效果。

哺乳妈妈营养经

蔬菜也能催乳

黄花菜	利湿热、宽胸、利尿、下乳，治产后乳汁不下
莴笋	通乳，莴笋烧猪蹄治产后乳汁不足
豌豆	利小便、生津液、解疮毒、止泻痢、通乳
茭白	除烦渴、利二便、催乳，茭白、猪蹄、通草同煮可催乳
丝瓜	生津止渴、解暑除烦、除热利肠，主治乳汁不下

妈妈仍需多喝汤水

妈妈每天摄入的水分多少与乳汁分泌量密切相关，摄入水分不足会导致乳汁分泌量减少，因此妈妈的饮食中依然要坚持多汤原则。

与月子期间喝汤催乳、补营养不同，此时妈妈的消化能力早已完全恢复正常。喝汤是为了提供分泌乳汁和妈妈自身所需的水分，所以汤水也需要发生变化。时令蔬菜汤、豆腐汤、鱼汤都是不错的选择，这类汤清淡、开胃、不油腻。鸡汤、肉汤、猪蹄汤可以喝，但不能煮得太浓，也不能顿顿喝，以免摄入过多脂肪，导致母乳中脂肪含量过多，引起宝宝腹泻。

·写给妈妈·

啤酒中含有起回奶作用的大麦芽，妈妈喝啤酒会造成乳汁减少。

远离烟酒，母子安康

烟和酒的刺激性很强，孕前、怀孕、产后都需要戒烟戒酒。吸烟不仅会损伤妈妈的身体，还会造成乳汁减少，所含的尼古丁、焦油等物质还会随着乳汁进入宝宝体内，影响宝宝的生长发育，吞云吐雾产生的烟容易造成宝宝呼吸道黏膜受损，引发呼吸道感染。

妈妈喝酒，酒中所含的酒精会进入乳汁，给宝宝吃这种“酒奶”对生长发育不利，妈妈过量饮酒还会导致宝宝酒精中毒，出现多汗、呼吸加深、反应迟钝等症状。

幸福妈妈厨房宝典

黑米核桃粥

原料：核桃 150 克，黑米 50 克
工具：小汤锅或电饭锅
烹调时间：35 分钟
制作方法：
1. 核桃剥壳、洗净，黑米洗净备用；
2. 锅中加适量清水，倒入黑米，武火煮沸后放入核桃仁，继续煮沸后改文火熬煮成粥即可。

营养分析

黑米具有开胃益中、健脾暖肝、明目活血的作用，尤其对产后虚弱的妈妈有很好的补养作用。核桃营养丰富，妈妈多吃核桃不仅有益自身健康，还能通过乳汁为宝宝补充多种营养素，促进宝宝的生长发育。

番茄肉丸汤

原料：番茄 1 个，猪肉 100 克，姜适量
调料：盐、水淀粉适量
工具：小汤锅
烹调时间：30 分钟
制作方法：
1. 番茄洗净切成瓣状，姜洗净切成末备用；
2. 猪肉洗净剁成肉泥，放入姜末，加适量水淀粉和盐，沿同一方向搅拌均匀，搓成丸子；
3. 锅中加适量清水，煮沸后放入番茄块，继续煮沸；
4. 将猪肉丸放入锅中，煮熟后加适量盐调味即可。

营养分析

番茄具有生津止渴、健胃消食、补血养血等功效，食欲不振的妈妈食用可增进食欲。猪肉则能够改善缺铁性贫血，帮助妈妈补充铁元素。这款汤尤其适合体质虚弱、胃口不开的妈妈食用。

萝卜丝鲫鱼汤

原料：鲫鱼 1 条，萝卜 150 克，葱、姜适量
调料：植物油、料酒、盐适量
工具：小汤锅、炒锅
烹调时间：30 分钟
制作方法：

1. 鲫鱼处理干净，划上花刀备用；
2. 萝卜洗净切丝，葱洗净切段，姜洗净，切片备用；
3. 锅中加适量清水，煮沸后倒入萝卜丝，焯一下去辛辣味；
4. 锅中加适量植物油，烧热后放入鲫鱼煎至两面金黄，加适量清水，放入萝卜丝、葱段、姜片，文火煮沸后继续煮 10 分钟，最后加适量盐调味即可。

营养分析

这款汤属于家常湘菜，妈妈食用不仅可以化痰止咳、开胃消食，还可以提高免疫力、预防感冒，有助于母乳喂养的顺利进行。

紫米芝麻粥

原料：紫米 25 克，糯米 25 克，芝麻 5 克
调料：冰糖、红糖适量
工具：电饭锅或小汤锅
烹调时间：1 小时
制作方法：

1. 紫米、糯米分别洗净，用清水浸泡 3 小时左右备用；
2. 锅中加适量清水，煮沸后将紫米、糯米连同浸泡用水一起倒入锅中，武火再次煮沸；
3. 将洗净的芝麻倒入锅中，煮沸后改文火熬煮成粥，加适量冰糖和红糖调味即可。

营养分析

紫米可滋阴补肾、健脾暖肝、明目活血，铁、锌、钙、磷等矿物质含量丰富，妈妈食用有益于母子健康。芝麻具有补五脏、益力气、长肌肉、填髓脑的作用，妈妈食用可防治便秘和贫血。

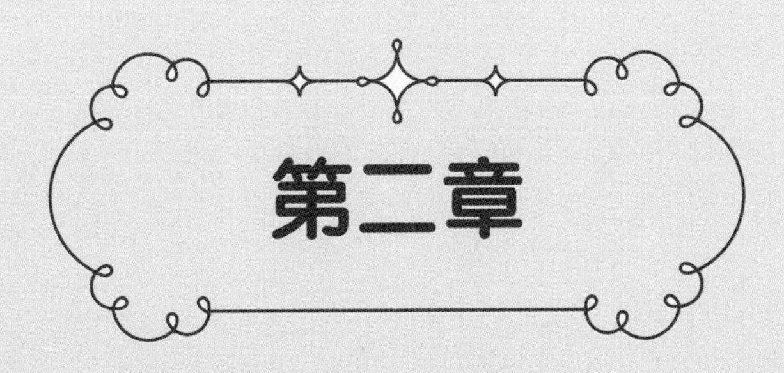

第二章

别让辅食添加成心病 /4 ~ 12 个月

第 4 个月

生长发育特征

身体发育指标

指标 \ 性别	男宝宝			女宝宝		
	最小值	均　值	最大值	最小值	均　值	最大值
体重（千克）	5.9	7.5	9.1	5.5	7.0	8.5
身长（厘米）	59.7	64.6	69.5	58.6	63.4	68.2
头围（厘米）	39.7	42.1	44.5	38.8	42.1	43.6
胸围（厘米）	38.3	42.3	46.3	37.3	41.1	44.9

智能发展特点

宝宝趴着时头可以抬得很高，能和肩胛成 90 度角，躺卧的身体能够左右翻滚。宝宝喜欢听新的声音，会发出尖叫声、呼噜声、咂舌声，懂得用微笑或者发声来引起妈妈的注意。喜欢依恋熟悉的亲人，对于陌生人会注视。手的抓握能力更强，会伸手去够眼前自己喜欢的玩具。

营养均衡的表现

营养均衡的宝宝	营养失衡的宝宝
身高、体重、头围、胸围依然快速增长，智力发育正常，不贫血。	出现贫血症状，睡眠欠佳，盲目补锌的宝宝可能出现呕吐、头痛、腹泻、抽搐等中毒症状。

本期喂养细节

宝宝辅食添加有顺序

种类顺序

从食物种类来讲，宝宝的辅食添加需要遵循谷物、蔬菜、水果、动物性食物的顺序，四个种类的食物顺序不能颠倒，从一个种类过渡到另一个种类的时间可以是一两周。动物性食物的添加也有一定的顺序：蛋黄泥、鱼泥（剔净骨和刺）、全蛋、肉末，未满6个月的宝宝不宜添加肉类辅食。

· 写给妈妈 ·

添加谷物，妈妈要牢记先添加米类食物，后添加面粉类食物的顺序。

性状顺序

宝宝吞咽和咀嚼能力有限，妈妈添加辅食应先从液体开始，等到宝宝月龄大一些可以逐渐添加泥糊状、半固体、固体辅食。

液体辅食包括米汤、米糊、果水、蔬菜水；泥糊状辅食包括蛋黄泥、菜泥、果泥、鱼泥、肉泥；稀粥、肉末汤、蒸蛋羹属于半固体辅食；固体辅食包括软米饭、面包、馄饨、馒头、肉末等。

时间顺序

4个月的宝宝可以添加婴儿米粉、菜水、果水、蛋黄泥（加温开水调匀），5 ~ 6 个月的宝宝可以添加泥糊状辅食，7 ~ 8 个月的宝宝可以添加半固体辅食，9 ~ 12 个月的宝宝可以添加固体辅食。

添加辅食须讲科学

辅食添加得当宝宝终身受益，添加不当则会给宝宝一生的健康和饮食习惯埋下隐患。营养师建议妈妈牢记四字真言——循序渐进。

一种到多种

宝宝的适应能力有限，一股脑添加多种辅食给宝宝，不仅不能补充营养，还会造成胃肠功能紊乱，如果宝宝对某种食物过敏会更加危险。一种一种地添加有助于找出过敏原，更能帮助敏感的宝宝适应不同的食物。

少量到多量

每个宝宝都具有独特的个性，消化系统的发育程度和对营养的需求都不一样，开始时少量添加辅食有助于妈妈掌握宝宝的消化能力。比如蛋黄，妈妈可以先给宝宝 1 天吃 1 次，每次吃 1/6，等到宝宝适应了之后再逐渐增加每天吃蛋黄的次数。

稀到稠、细到粗

流质的食物很容易消化吸收，又不会卡住宝宝，是宝宝辅食的首选，然后给宝宝提供半流质、软固体、固体食物，这样就形成一个良好的过渡，帮助宝宝一步步学会吃饭。

· 写给妈妈 ·

妈妈在给宝宝准备辅食的时候，一定要将食物处理得细小些，随着宝宝渐渐长大，辅食也需要随之变粗变大，以锻炼宝宝的咀嚼能力，促进牙齿的发育。

米粉是辅食的第一选择

婴儿米粉营养成分全面又容易被宝宝消化，调成糊状的米粉是宝宝最佳的第一辅食。市面上出售的米粉种类繁多，最好的米粉是没有添加盐和蔗糖的婴幼儿配方米粉，清淡的口味有助于帮助宝宝养成良好的饮食习惯。一般品牌米粉在选料、制作、包装、质检方面更加严格，因此妈妈们购买米粉的时候应尽量选择大品牌的生产商。

宝宝可以吃蛋黄啦

4 个月的宝宝吃蛋黄可以补充多种营养物质，这是因为鸡蛋中的大部分脂肪、维生素以及微量元素都集中在蛋黄里，包括宝宝极易缺乏的维生素 D 和维生素 K。宝宝生长发育需要的铁元素如果得不到补充就会造成缺铁性贫血，蛋黄是铁元素的优质来源，因此宝宝吃蛋黄可以预防贫血。宝宝刚开始吃蛋黄可以每天吃 1/6，以后逐渐增加到 1/4、1/2，直至整个蛋黄。

· 写给妈妈 ·

虽然同属鸡蛋的组成部分，蛋清却不适合在这个时候给宝宝食用。宝宝的消化系统发育尚未成熟，对宝宝来说，蛋白质含量较高的蛋清有可能会在肠道中产生大量的氨，导致血氨升高，肾脏负担加重，引起蛋白质中毒综合征。建议 7 ~ 8 个月后再给宝宝吃全蛋，易过敏的宝宝最好 1 岁以后再添加蛋清。

制作辅食的工具

工具	用途
计量器	计算辅食重量，妈妈可以准备 1 个小碗，量好重量和容积，将其作为计量器。
小菜板	为宝宝专门切菜，避免成人食物对宝宝食材的污染。
搅拌机	制作泥糊状辅食。
研磨器	制作泥糊状辅食。
榨汁机	制作果汁、菜水。
小汤锅	煮熟食物。
蒸锅	蒸熟食物。
削皮器	除去果皮、菜皮。
刀具	与成人刀具分开，切生食和熟食的刀具应分开。
过滤器	过滤食物残渣，应选择网眼小的过滤器，也可用消毒纱布代替。

注：每次使用前，妈妈最好用开水烫一下辅食制作工具以消毒。

如何轻松度过厌奶期

厌奶是宝宝 4~6 个月大时普遍出现的现象，妈妈不必为此太过焦虑。

调整心态

妈妈需要保持冷静、平和的心态。只要宝宝没有生病，身高和体重都在正常范围之内，妈妈就没有必要焦急不安，更不要在宝宝面前表现出这些负面情绪。宝宝虽然还不会说话，但感知能力很强，极容易受到影响，进而更加抗拒喝奶。

不要强迫

宝宝的抗拒心理很强，妈妈使用强迫手段只会事与愿违。妈妈最好采取迂回战术，比如，宝宝饥饿的时候更容易接受奶水，妈妈可以多和宝宝做游戏，帮助宝宝活动身体，增加能量消耗之后宝宝就会感到饥饿。此外，妈妈还可以根据宝宝的月龄选择流质、半流质辅食来补充营养素。

奶嘴的问题

如果奶嘴的孔太小，宝宝吸起来十分吃力，也会造成喝奶少的假象。妈妈发现宝宝喝奶有所减少应先检查奶嘴孔的大小是否合适：把奶瓶倒过来，如果奶水滴出的速度为 1 秒钟 1 滴，那么孔的大小刚好合适：快了或者慢了都不利于宝宝吸食，需要调整或者更换奶嘴。

正确挤奶的方法

使用吸奶器

市售的吸奶器分为手动和电动两种，妈妈可以根据自己的喜好和实际情况选择，两种吸奶器并无质量高低之分。使用吸奶器之前，妈妈需要彻底清洗双手，用水煮或者蒸汽法给吸奶器消毒。消毒时需要将吸奶器拆开，消毒 8 ~ 10 分钟即可，然后将吸奶器正确组装。因为乳房需要和吸奶器直接接触，为了避免污染，使吸奶更轻松，妈妈还需要用温水清洗一下乳房，使其变软，然后用手轻轻按摩。

准备工作做好之后，妈妈可以正式吸奶了：将吸奶器的漏斗放在乳晕上，保证封闭良好，拉开外筒，将乳汁吸出来。每个妈妈的实际情况不同，一般来讲，挤出 60 ~ 125 毫升乳汁需要 10 分钟，挤奶时不要心急，更不要大力使用吸奶器，以免损伤乳头。

手动挤奶

不习惯使用吸奶器的妈妈也可以选择手动挤奶，开始时可能不容易将乳汁挤出，或者挤出的量很少，不要紧，多练习几次就会发现最适合自己的方法和窍门。

妈妈可以选择舒适的沙发或者座椅，背后放上一个枕头，上身微微向前倾，用拇指和食指在乳晕的周围有节奏地轻轻挤压，使得每根乳腺管中的乳汁皆能被挤出来。充分挤压乳晕之后，妈妈需要用一只手托住乳房，另一只手从上到下轻轻按摩乳房，一边按摩一边移动手掌，直到整个

乳房都按摩一遍。然后妈妈可以用手指尖朝着乳晕的方向向下按摩，动作要轻柔，不要压迫乳房组织。接下来，两手的拇指和其他手指需要配合使用，轻轻按压乳晕后面的部位，最后拇指和食指一齐用力并施压，乳汁就会从乳头中流出。

储存母乳的正确方法与时间

妈妈不能按时母乳喂养时，需要将乳汁挤出来并妥善储存。一般来讲，新鲜母乳在 25℃左右的室温中可以保鲜 4 小时，在 20℃左右的室温中可以保鲜 10 小时，超过这个时间段的母乳就不要再给宝宝喝了。如果母乳挤出来后需要第二天或者更长时间后才给宝宝喝，妈妈可以将母乳放进冰箱里冷藏或者冷冻。由于解冻后的母乳不能再次冷冻，妈妈应先将母乳按照宝宝一次所需的量分别装在不同的集乳袋或者奶瓶中，并标上标签，以免弄混先后顺序，让宝宝喝下过了保鲜期的母乳。使用集乳袋时宜留下 1/4 的空间，不要装得太满，然后将空气挤出、密封。

密封好的母乳可以放在冰箱里冷藏或者冷冻，冷藏的母乳可以保鲜 5 ～ 8 天，冷冻的母乳可以保鲜两周以上。冷藏时不要将盛有母乳的容器放在冰箱门上，这是因为冰箱门温度不稳定，母乳易变质，最好将容器用保鲜膜包好，放进独立的保鲜盒，然后再放入冷藏室或冷冻室。

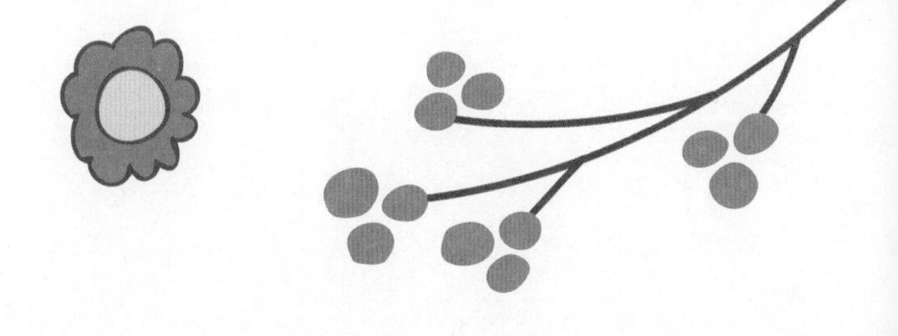

新手妈咪喂养误区

辅食添加一刀切

很多妈妈第一次养育宝宝，没有经验，所有的知识来自长辈和书本，没有长辈帮忙的妈妈照顾起宝宝来更是手足无措，无奈之下只好照书养儿。这样的做法并没有什么不对，不过很多妈妈却忽略了宝宝与生俱来的独特之处，书上的知识针对的是大多数宝宝，作为参考益处很多，但是一切都按书本上操作未免会犯“本本主义”错误。

宝宝的生长发育并不同步，接受能力各不相同，对食物的敏感度也不同，所以，有的宝宝吃蛋黄津津有味，有的宝宝一吃就哭，有的宝宝喝果水、菜水健健康康，有的宝宝一喝就腹泻。添加辅食需要妈妈的细心与耐心，给宝宝吃新食物要留心观察，如果宝宝出现消化不良的症状，比如呕吐、腹泻，妈妈就不要继续给宝宝吃这种食物了，等到不适症状消失后再给宝宝少量食用，直到宝宝逐渐适应为止。

强迫宝宝吃辅食

看到别人家的宝宝辅食吃得香甜，又怕自己的宝宝营养不足，于是妈妈喜欢强迫宝宝进食，结果反而使得宝宝更加排斥辅食。正确的做法是改变一下吃辅食的时间，比如，等到宝宝口渴的时候可以准备些果水、菜水，宝宝饿的时候可以喂些米粉、蛋黄泥。

母乳喂养到此为止

有的妈妈觉得宝宝既然已经开始吃辅食了，母乳吃与不吃都没关系，结果，失去了母亲抗体的供养，自身抗病能力又不足的宝宝可能很快出现各种不适应，甚则呕吐、腹泻、哭闹不止。

母乳是妈妈给予宝宝的最佳食物，母乳喂养一般应坚持到宝宝 10~12 个月，不能把米粉、配方奶作为宝宝的主食。

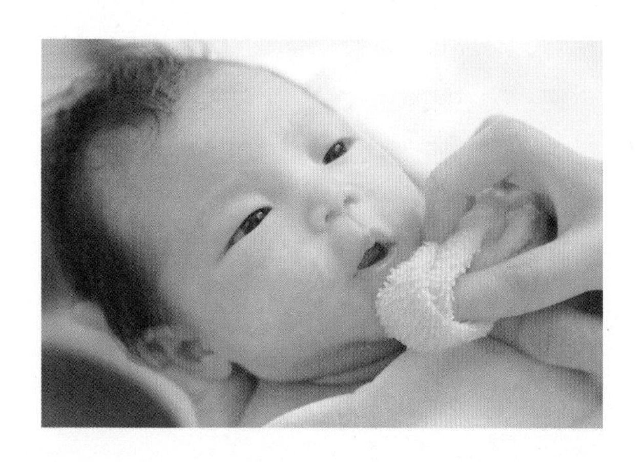

让宝宝饿着肚子吸空奶嘴

许多妈妈喜欢让宝宝吸着空奶嘴玩耍、睡觉，这种做法对宝宝十分有害。饿着肚子吸吮空奶嘴，宝宝的口腔和胃会作出反应，分泌唾液和消化液，为消化食物做准备，但等到宝宝真正吃奶的时候，口腔和胃已没办法分泌出足够的消化液，因此影响了乳汁的消化和吸收。吸吮空奶嘴还会带来卫生隐患，灰尘、细菌、冷空气都会随之进入宝宝体内，导致宝宝流口水、吐奶，还会影响宝宝口唇和牙齿的正常发育。

哺乳妈妈营养经

产后瘦身怎么吃

均衡饮食

不吃肉、不吃主食的减肥方法犹如饮鸩止渴，也许能暂时减轻一些体重，但是健康也被一起减掉了，一旦恢复吃肉和主食就会反弹，健康却不一定能吃回来。减肥需要“管住嘴”，但要讲究方法，管住的应是每天摄入食物的数量而不是种类，实际上均衡饮食不仅不会导致体重增加，对健康也最有利。妈妈减肥期间应合理安排每天摄入的食物种类，保证每天的食物涵盖谷物、肉（包括畜肉、禽肉、鱼肉）、蛋、奶、豆制品、蔬菜和水果。

少吃多餐

少吃多餐一方面可以满足妈妈的食欲，减少忍受饥饿的痛苦；另一方面有益于减轻消化系统负担，使胃肠道逐渐适应新的饮食规律，食物供给的能量和营养物质也能更好地被身体利用。一味地节食、将三顿饭合成两顿吃的做法不可取，一次性进食过多会造成血液长时间集中在胃肠道，导致精神不振、昏昏欲睡，进而活动量减少，能量过剩只好转变成脂肪储存在身体里。另外，由于进餐时间间隔太长，会使得人体过分饥饿，下一顿饭不知不觉就会吃很多，形成恶性循环。

食物宜清淡

烹调菜肴时，妈妈应选择植物油（推荐花生油），尽量不用动物脂肪。烹调肉类食物时选择清蒸、煮、炖的烹调方法，最好不使用红烧、煎炸等用油量大的烹调法，不吃肥肉、五花肉。

合理吃水果

吃水果可以减肥，吃得不当也可以增肥。瘦身期间，妈妈最好选择含糖量低、膳食纤维多的水果，比如猕猴桃、草莓、樱桃，同时应该选择新鲜的水果，很多水果放得越久含糖量越高。吃水果应适量，吃水果过多不仅会摄入过多的糖分，还会诱发多种疾病。

粗细搭配

与精制米面相比，粗粮含有更少的能量，更多的维生素和膳食纤维，有助于去脂减肥。食用过多粗粮不利于营养素吸收，只吃粗粮容易造成营养不良，妈妈最好把粗粮和细粮搭配起来食用。

多喝开水

充足的水分能够帮助妈妈排出体内的毒素，加快新陈代谢，有助于减轻体重。咖啡、果汁、茶等饮品不适合妈妈补充水分，最健康、最利于减肥的水是白开水。

产后瘦身的饮食代替法

低能量食物代替零食

想吃零食时，妈妈可以选择吃一些低能量食物，比如圣女果、黄瓜，也可以自制健康零食，比如水果酸奶沙拉、煮玉米。

白肉代替红肉

与猪肉、牛肉、羊肉等红肉相比，鸡肉、鱼肉等白肉脂肪含量较少，能量较低，胆固醇含量低，食用白肉可以在满足人体所需蛋白质的同时不摄入过多的脂肪和能量。不过，白肉中铁元素含量不高，妈妈不能把所有红肉都换成白肉，每天摄入的白肉和红肉保持 2:1 的比例为宜，同时多吃些含铁丰富的果蔬补充铁元素。

适量进食饱腹感强的食物

饥饿感让很多妈妈瘦身失败，妈妈可以适量多吃一些饱腹感强的食物，肚子不饿，吃东西的欲望就会降低很多。饱腹感强的食物有红薯、土豆、燕麦、芹菜、胡萝卜、莴笋、玉米、黑米、红豆、黄豆、绿豆、牛奶、酸奶、海带等。

乳汁中不可缺少的微量元素

维生素 A、B 族维生素、碘、锌等微量元素，在宝宝体内的储备并不多，但需求量却相对较高，如果不及时补充会对宝宝的生长发育产生不利的影响。

虽然已经开始了辅食初体验，母乳喂养的宝宝所需的大部分营养素依然来自妈妈的乳汁。妈妈乳汁中含有丰富的微量元素，宝宝自然能够摄取充足的微量元素，如果乳汁缺少微量元素，宝宝微量元素的摄入也会随之缺乏。因此，妈妈的饮食要保证微量元素的摄入，尤其是前面说到的那几种。首先要做到不偏食、不挑食；其次要多吃富含维生素和矿物质的食物，比如海产品、动物内脏；粗粮中含有丰富的锌元素，动物肝脏、红黄色果蔬中含有丰富的维生素 A。

幸福妈妈厨房宝典

番茄焖牛肉

原料：牛肉 250 克，番茄 125 克，葱、姜适量
调料：芝麻油、大料、白糖、水淀粉、盐适量
工具：炒锅
烹调时间：25 分钟
制作方法：
1. 将番茄洗净切小块，葱洗净后一半切片，一半切葱花，姜洗净后切片备用；
2. 牛肉洗净后切大块备用；
3. 锅中加适量芝麻油烧热，下大料和葱、姜片炝锅，倒入适量清水和牛肉块，加适量盐调味，焖制 5 分钟左右；
4. 捞出锅中的大料和葱、姜片，倒入番茄块，加适量白糖调味，继续焖制 3 分钟；
5. 锅中倒入水淀粉勾芡，撒入葱花即可。

营养分析

贫血是宝宝常见的营养性疾病，妈妈的食物富含铁元素，可以保证乳汁中铁元素充足，帮助宝宝预防贫血。番茄中铁元素含量丰富，所含的胡萝卜素、B族维生素以及维生素C有利于人体吸收铁质。牛肉是益气血的优质食材，富含的优质蛋白质有助于人体吸收铁元素。

胡萝卜水

原料：胡萝卜 1/4 根
工具：小汤锅、纱网或纱布
烹调时间：10 分钟
制作方法：
1. 胡萝卜洗净、去皮，切成丁备用；
2. 锅中加适量清水，倒入切好的胡萝卜丁，武火煮至熟烂；
3. 用干净的纱网或者纱布过滤取汁，放至温热即可给宝宝食用。

营养分析

胡萝卜性平，味甘，有健脾和胃、补肝明目、清热解毒等功效。

胡萝卜中含有丰富的β-胡萝卜素，B族维生素、维生素C含量也很丰富。宝宝经常食用可以促进视网膜发育，预防湿疹。

西瓜汁

原料：西瓜 150 克

工具：榨汁机

烹调时间：3 分钟

制作方法：

1. 西瓜去皮、去籽，切成块，放入榨汁机中榨汁；
2. 将榨好的西瓜汁过滤去渣，倒入碗中即可。

营养分析

西瓜具有清热解暑、生津止渴、利尿除烦的功效，夏天给宝宝饮用可预防中暑。

蛋黄泥

原料：鸡蛋 1 个

工具：小汤锅

烹调时间：10 分钟

制作方法：

1. 鸡蛋洗净，放入清水中煮熟；
2. 取出蛋黄，留 1/6 个蛋黄用小勺子将其压制成泥，然后加适量温开水或调匀的配方奶，搅拌均匀即可。

营养分析

鸡蛋中的大部分蛋白质都集中在蛋黄里，且所含的蛋白质为优质蛋白质，丰富的优质蛋白质、多种脂溶性维生素、磷、铁等矿物质对于宝宝的生长都十分有益，蛋黄所含的卵磷脂还可以促进宝宝的智力发育。

第 5 个月

生长发育特征

身体发育指标

指标＼性别	男宝宝			女宝宝		
	最小值	均　值	最大值	最小值	均　值	最大值
体重（千克）	6.2	8.0	9.7	5.9	7.5	9.0
身长（厘米）	62.4	65.9	77.6	60.9	65.5	70.1
头围（厘米）	40.6	43.0	45.4	39.7	42.1	44.5
胸围（厘米）	39.2	43.0	46.8	38.1	41.9	45.7

智能发展特点

宝宝能够独自坐一小会儿，可随意转头，在新环境中会四处张望。叫宝宝的名字时，宝宝会回头看。宝宝喜欢开怀大笑，出现不同的情绪，有时会突然发生情绪变化。宝宝能够用手握住奶瓶，抓住大的圆环和玩具，喜欢拿玩具啃着玩。宝宝对母乳的兴趣和依恋开始减弱，能够长时间凝视物品，发几个单音。

营养均衡的表现

营养均衡的宝宝	营养失衡的宝宝
身长比上个月平均增加 2 厘米，体重增长 0.6~0.7 千克，头围和胸围也会增长约 1 厘米；经常开怀大笑，哭闹减少。	很少笑，经常哭闹，贫血；辅食添加过多的宝宝开始体重超标。

本期喂养细节

牛奶、羊奶，孰优孰劣

羊奶的优缺点

优点	缺点
① 易消化吸收：羊奶中酪蛋白含量比牛奶低，α－乳清蛋白含量高，进入胃部后形成的凝块较小，更易被消化吸收。此外，羊奶中的脂肪球比牛奶小 2/3，不饱和脂肪酸也比牛奶高出 1 倍，同样有助于消化吸收的完成。 ② 过敏率低：羊奶所含的异体蛋白较少，适合对牛奶过敏、体质虚弱的宝宝。需要注意的是，羊奶并非全无致敏性，少数体质敏感的宝宝仍然会出现过敏症状。 ③ 提高免疫力：羊奶含有的上皮细胞生长因子对上皮细胞的生长和修复有益，给宝宝喝羊奶能够起到和母乳一样的提高免疫力的作用。 ④ 安全性高：由于大规模的市场尚未形成，加上羊奶产量少、技术要求高，羊奶产品较牛奶安全得多。不过随着消费者更加青睐羊奶产品，不良商贩放弃食品安全原则，生产有毒羊奶的概率也会增加。	①钙磷比例不当：羊奶所含的矿物质较多，其中钙和磷的含量超过牛奶约 20%，而且钙磷比例不合适，长期喝羊奶容易诱发佝偻病。 ②缺乏叶酸：羊奶中叶酸含量较少，还未添加辅食的宝宝喝羊奶粉容易患上巨幼红细胞性贫血。 ③价格昂贵：物以稀为贵，羊奶产品的价格普遍高于牛奶，但有虚高的倾向，市场上羊奶产品的售价与其营养价值并不相符。

牛奶的优缺点

优点	缺点
① 蛋白质含量高：羊奶所含的蛋白质只有牛奶的50%。 ② 锌含量高：每 100 克牛奶含有锌元素 0.42 毫克，每 100 克羊奶含锌量为 0.29 毫克。 ③ 价格低：牛奶比羊奶更易普及，普通消费者也能接受牛奶的价格。	① 食用安全问题：在利益的驱使下，不少不良商家在牛奶上做手脚，使得牛奶的食品安全问题日益严重。 ② 过敏率高：由于牛奶中含有丰富的大分子蛋白质，这些异体蛋白进入宝宝体内易引起过敏反应。

及时添加辅食

5 个月的宝宝对于母乳和配方奶以外的食物会表现出强烈的兴趣，如果妈妈发现宝宝伸手抓大人的食物，看到大人吃饭表现出自己也想吃（比如动嘴唇、流口水），说明给宝宝添加辅食的时机成熟了。

由于自我保护意识很强，有些宝宝会用舌头把妈妈喂进嘴里的食物顶出来。遇到这种情况，妈妈千万不要强迫宝宝吃下去，可以改变一下喂食的方法，将糊状辅食放在宝宝的嘴角，使其自然流入宝宝嘴里，让宝宝慢慢习惯乳汁以外的食物。

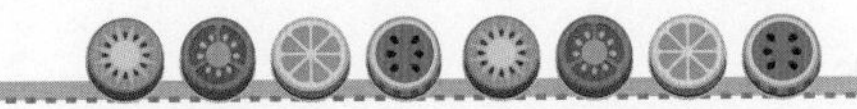

·写给妈妈·

宝宝长牙时可能会因为牙龈肿胀而哭闹，妈妈可以用干净的纱布包一小块冰块，或者用纱布蘸些冰镇的凉开水给宝宝冷敷一下牙龈。

辅食以泥糊状为主

宝宝此时的吞咽、咀嚼、消化能力都很弱，因此辅食应以容易吞咽咀嚼的泥糊状食物为主。糊状辅食指的是用米粉、玉米粉、藕粉单纯制成，或者搭配水果和蔬菜做成的半流质辅食。泥状辅食指的是将蔬菜、水果、肉类食物或蒸或煮，压制成泥。

大多数的宝宝已经开始长牙，稍微硬一些的食物不仅能够刺激牙床、促进乳牙萌出，还能够增强咀嚼能力，妈妈可以准备一些磨牙饼干、烤馒头片、水果条给宝宝磨牙。

如何选购辅食

妈妈面对商场里琳琅满目的辅食产品时大多有点不知所措，选择的范围大了反而不知孰优孰劣。下面我们就来讲一讲如何买到安全、营养的辅食。

米粉

买米粉要做到“四看”和“一闻”：一看品牌，大品牌资金、技术、服务力量雄厚，产品质量自然高些；二看标签，食品安全标识、生产日期、保质期、配料表、净含量、执行标准、厂名、厂址、商标都标注清楚齐全的产品才值得信赖；三看营养成分，营养成分齐全、含量合理是优质米粉的标志；四看色泽和颗粒，好的米粉呈现出大米自然的白色，颗粒均匀细腻，呈粉状。

“一闻”指的是闻米粉的气味，优质米粉散发出淡淡的米香，没有其他异味，香味很浓的米粉添加了香精，不适合给宝宝食用。

泥状辅食

苹果泥、胡萝卜泥、番茄汁、肉泥、骨泥、鸡肉菜糊是我国有国家标准的泥状辅食，妈妈选购时除了需要看清商标、厂名、厂址、生产日期、保质期、配料之外，营养成分也需要特别关注。一般来讲，每 100 克苹果泥、胡萝卜泥或番茄汁含维生素 C 应在 30 毫克以上，糖少于 5%；肉泥含蛋白质 5% 以上；骨泥含蛋白质 3% 以上，钙多于 300 毫克；鸡肉菜糊含蛋白质 3% 以上；肉泥、骨泥和鸡肉菜糊中的脂肪含量不得超过该产品中蛋白质的实际含量。

辅食制作的注意事项

食材的选择

食材的好坏直接影响辅食的质量，新鲜的食材营养丰富，适合给宝宝制作辅食，变质的食材哪怕只是一点点变质也不能继续食用。苹果、香蕉、橘子、番茄、胡萝卜等食材农药污染相对较少、皮壳易处理，是制作宝宝辅食的首选果蔬。蛋、鱼、肉、肝脏等动物性食物，最好能买到无饲料添加的天然食材，味道更加香浓，营养也更加丰富。

烹调的要求

宝宝的咀嚼和吞咽能力有限，胃肠消化能力不强，这就要求妈妈在制作辅食时要将食材切碎、剁细，随着宝宝的长大，食物可以处理得粗大一些，以锻炼咀嚼能力。与成人的饮食不同，宝宝的辅食不需要加各种调味料，盐、味精、糖、香精等都不要放进宝宝的食物中，这有助于宝宝养成良好饮食习惯，避免长大之后偏食挑食。

器具的选择

宝宝的餐具需要认真消毒，这是因为宝宝的抗病能力差，残留在餐具上的细菌很容易感染宝宝。煮沸消毒是最安全、最简单的消毒方法，将宝宝的餐具放入沸水中煮 2~5 分钟即可，家里备有蒸汽机的妈妈也可以选择蒸汽消毒。制作辅食的锅也有讲究，铜锅和铝锅都会破坏食物的营养，不适合给宝宝蒸煮食物。需要提醒妈妈的是，消毒之后的餐具使用时不要再用冷水冲洗，以免造成二次污染。

·写给妈妈·

磨牙食品大多又干又硬，宝宝吃多了会上火、便秘，妈妈需要给宝宝多喂些水。

磨牙食物巧制作

除了市售的磨牙饼干，妈妈还可以自己动手给宝宝制作美味的磨牙食物：

○ 蔬菜条

胡萝卜含胡萝卜素、维生素 C 等营养物质，将其煮熟或蒸熟后切成条，让宝宝拿着吃，既能促进宝宝乳牙生长，又能补充营养素。

黄瓜可以给宝宝生吃，选择新鲜的嫩黄瓜，洗净后削去皮，切成手指般粗的条，让宝宝拿着吃。

○ 水果片

质地较硬的水果比较适合宝宝磨牙，比如苹果、梨子，将其洗净、去皮、去核，切成适合宝宝抓握的片或者条，让宝宝自己拿着吃。

○ 烤馒头

将白面馒头或者杂粮馒头切成厚片，放入平底锅中烤至两面发黄、外硬内软（注意不要放食用油），烤好之后再切成手指般粗细的馒头条即可。

新手妈咪喂养误区

给宝宝吃冷饮

制作冷饮时生产商添加了香精、防腐剂、人工合成色素等添加剂，目的是引起食欲、增强口感，大人偶尔吃一点不会造成身体不适，宝宝就不同了，冷饮不仅对宝宝生长发育没有任何帮助，所含的各种添加剂还极易造成过敏，损害宝宝的健康。冷饮经过多道加工程序，再加上运输、出售等环节，难免不会被细菌污染，尤其是作坊式工厂生产的冷饮，质量和卫生都无法保证，宝宝吃了卫生不合格的冷饮会感染疾病。

质量和卫生都达标的冷饮可以放心地给宝宝吃吗？宝宝的消化系统尚未发育成熟，冷饮会对胃肠道造成强烈刺激，轻则使胃肠功能失调，影响食物的消化和吸收，重则导致消化道痉挛，诱发宝宝腹痛、腹泻，甚至造成可怕的肠套叠。

由此可见，不论冷饮质量如何，宝宝都不适合吃。

水果都可以生吃

并不是所有宝宝都可以吃生水果泥，喝果汁，这是因为多数水果属于寒凉食物，脾胃虚弱、体质偏寒的宝宝生吃寒凉水果会加重体质的偏颇，对胃肠也会产生较大的刺激，引起腹痛、腹泻等胃肠不适。

妈妈可以将水果蒸熟或者煮熟，做成果泥给宝宝食用，这样既获得了水果中的营养，又避免了生吃带来的副作用。加热的过程会破坏水果中的维生素，妈妈在给宝宝做水果餐时要注意加热的温度不要过高，烹调时间不要过长。

米粉放进冰箱里

买回来的米粉不可能一次吃完，剩下的该怎么存放呢？很多妈妈选择放冰箱里，这样既能保证米粉不坏还能隔离污染，结果下次冲调的时候，好好的米粉遇到开水之后结成小块，根本没法给宝宝食用，这是因为冰箱里的温度低于室温，粉状的米粉被开水一冲会马上凝结。

吃剩的米粉最好放在家里的阴凉干燥处储存，如果遇到多雨的潮湿天气，妈妈可以将保鲜袋套在米粉盒外面隔绝空气。

蜂蜜出现在宝宝的食物清单上

虽然很多蜂蜜的包装上写着老少咸宜，不过对于不满 1 岁的宝宝来说，蜂蜜却意味着危险。蜂蜜在酿造、运输与储存的过程中有可能被污染，大人抵抗能力强，食用蜂蜜后一般不会中毒，宝宝的抗病能力差，蜂蜜中含有的细菌能够在体内繁殖并产生毒素，而宝宝肝脏的解毒能力还不足，极易引起中毒，出现腹泻、呕吐等症状。

哺乳妈妈营养经

健康饮食让宝宝告别夜啼

夜啼症是指宝宝身体没有不舒服却每夜啼哭，到了白天又恢复正常，有的宝宝每夜定时啼哭，哭后仍然安静入睡，有的宝宝则通宵啼哭不停。引起宝宝夜啼的原因主要有三种：脾脏虚寒、心经积热、暴受惊恐，前两者跟妈妈的不合理饮食有很大关系。

妈妈过量食用生冷、冰镇的食物会导致乳汁积寒，宝宝吃了这种寒性的母乳，伤及脾脏，出现哭声低微、睡喜蜷曲、腹喜摸按、四肢欠温、吮乳无力、大便溏薄、小便色青、面色青白、唇舌淡白的现象。

妈妈经常食用辛辣、油腻、不易消化的食物则会导致乳汁积热，宝宝吃了之后产生内热，出现夜眠不安、烦躁啼哭、身腹俱暖、大便秘结、小便短赤等现象。因此，家有夜哭郎的妈妈首先要从自身饮食找原因，及时纠正日常饮食中不合理、不均衡之处，选择清淡、易消化、不易上火的食物，保证乳汁的健康。过于厚重的衣服和被子也会造成宝宝夜啼，妈妈需要给宝宝合理穿衣盖被。

妈妈需要勤补钙

由于乳汁中的各种营养成分均来自母体，妈妈需要保证饮食中含有丰富的钙，以保证自身钙质需要，以及乳汁的钙含量。如果妈妈长期摄入钙质不足，身体为了稳定乳汁的钙含量，会动用骨骼中的钙，从而损伤妈妈的骨骼和牙齿，甚至引发骨质软化症。

妈妈每天摄入的钙质，除了满足自己需要的 800 毫克之外，还需要额外多摄入一些满足泌乳的需要，营养学会建议的标准摄入量是每天 1200 毫克。为了达到这一标准，妈妈应该多吃些含钙丰富的食物，比如牛奶、黄豆、豆腐、芝麻、花生、鸡蛋、鱼类、肉类、海带、木耳。

妈妈可以恢复正常饮食了

月子里的特殊饮食使妈妈尤其渴望生产前的正常饮食，现在经过 5 个月的煎熬，妈妈终于可以恢复正常饮食了。不过哺乳的妈妈吃东西仍然不能随心所欲，需要遵循科学合理的健康饮食原则。

不偏食、挑食

饮食多样化才能保证妈妈体内各种营养充足，妈妈营养充足才能保证乳汁的质量，不偏食、不挑食对于妈妈和宝宝的身体健康都意义重大，谷物、蔬菜、水果、肉类、蛋奶类、鱼虾类、大豆及豆制品每天都需要食用。

饮食清淡、不油腻、易消化

清淡的饮食吃了几个月，很多妈妈不再忌口，喜欢肥甘厚味和油炸食物，这些食物不仅不易消化，加重胃肠负担，还会带来三高隐患。不健康食物还会对乳汁产生影响，进而导致宝宝上火、便秘、夜啼。

少吃生冷、辛辣食物

生冷、辛辣食物容易刺激肠胃，影响消化吸收，过敏体质者食用还会造成过敏；妈妈吃了这些食物还会影响乳汁质量，间接诱发宝宝腹痛、腹泻、上火和过敏。

幸福妈妈厨房宝典

胡萝卜番茄汁

原料：胡萝卜半根，番茄半个

烹调时间：15 分钟

制作方法：

1. 胡萝卜洗净去皮，用擦菜板磨成泥状；
2. 西红柿氽烫去皮后，搅拌成汁；
3. 锅中倒入少许高汤，放入胡萝卜泥和西红柿汁，用大火煮沸即可。

营养分析

宝宝经常食用胡萝卜有助于视力的发育，以及免疫力的提升。番茄含有丰富的胡萝卜素、维生素C和B族维生素，还富含大量的番茄红素。这款蔬菜汁集胡萝卜泥、番茄汁营养于一身，对宝宝的生长发育十分有益。

南瓜泥

原料：南瓜 50 克

工具：蒸锅

烹调时间：23 分钟

制作方法：

1. 南瓜洗净，削皮去籽，切成薄片备用；
2. 将南瓜放入蒸锅中蒸熟；
3. 蒸熟的南瓜取出，放入小碗里，用小勺压成泥即可。

营养分析

南瓜含有丰富的类胡萝卜素，宝宝食用后可在体内转化成维生素A。维生素A能促进免疫球蛋白的合成，对维持正常视觉，促进骨骼发育具有重要作用，便秘的宝宝食用南瓜还能促进肠道的健康。

茄泥

原料：嫩茄子 1/4 个
工具：蒸锅
烹调时间：13 分钟
制作方法：
1. 茄子洗净，撕成小条，放入碗中备用；
2. 将碗放入蒸锅，武火蒸熟；
3. 取出，用小勺压成泥即可。

营养分析

茄子可宽肠消肿，寒凉的性质有利于清热解暑，夏季给宝宝蒸一款茄泥能够降低酷暑带来的身体不适。

奶香白菜糊

原料：白菜 25 克，米粉 10 克，配方奶两匙
工具：汤锅
烹调时间：12 分钟
制作方法：
1. 白菜洗净，放入锅中煮熟，捞出晾凉，捣成泥备用；
2. 米粉用清水调好备用；
3. 锅中加适量清水，倒入白菜泥，搅拌均匀后煮沸；
4. 将米粉糊倒入锅中，放入配方奶，边煮边搅，煮沸即可。

营养分析

干燥的秋季，给宝宝多吃些白菜可以保护其娇嫩的皮肤，白菜丰富的膳食纤维能够促进胃肠蠕动，起到润肠通便的作用。

第 6 个月

生长发育特征

身体发育指标

指标＼性别	男宝宝			女宝宝		
	最小值	均　值	最大值	最小值	均　值	最大值
体重（千克）	6.6	8.5	10.3	6.2	7.8	9.5
身长（厘米）	64.0	68.6	73.2	62.4	67.0	77.6
头围（厘米）	41.5	44.1	46.7	40.4	43.0	45.6
胸围（厘米）	39.7	43.9	48.1	38.9	42.9	46.9

智能发展特点

宝宝大脑平衡功能发育良好，能够用手支撑自己坐起来，不过坐的时间很短，可以用翻滚的方式在床上或者房间里到处移动。玩玩具更加轻松，可以将积木对击，摇响铃铛或者拨浪鼓。宝宝开始认生，见到陌生人会感到不安，妈妈离开家会哭闹。有的宝宝从 6 个月起开始长牙。

营养均衡的表现

营养均衡的宝宝	营养失衡的宝宝
体重比上个月增长约 0.5 千克，身长增长 2 厘米左右；喜欢手舞足蹈、左顾右盼，很调皮；乳汁、辅食都吃得香，不缺钙，不易生病，病了很快能自愈。	仍未添加辅食的宝宝易患贫血，身高增长缓慢，容易生病。

本期喂养细节

适时给宝宝补铁

宝宝 6 个月了，出生时体内储备的铁元素已经消耗殆尽，妈妈需要及时给宝宝补铁，避免宝宝患上缺铁性贫血。

此时的宝宝每天需要 11 毫克的铁元素，母乳的含铁量并不高，因此母乳喂养的宝宝需要适当添加含铁丰富的辅食，比如蛋黄泥、菜泥、肉泥、肝泥、铁强化米粉。

配方奶喂养的宝宝，如果一直吃铁元素含量合理的配方奶，一般不会缺乏铁元素，只要坚持配方奶喂养，搭配适合的辅食就能保证营养充足。

如何判断辅食添加是否充足

每次辅食添加的判断标准

吃过辅食之后，宝宝不哭也不闹，睡得很香，说明辅食添加基本充足。

每月辅食添加的判断标准

妈妈可以通过定期测量宝宝的生长发育情况来判断辅食添加是否充足，6 个月至 1 岁的宝宝每两个月测量 1 次即可。宝宝的身长、体重、头围、胸围在正常的范围之内，说明辅食添加充足。如果宝宝的各项生长发育不达标，妈妈就要认真查找原因了，排除疾病影响，辅食添加不充足、不合理是最大的影响因素。

谨防宝宝辅食过敏

过敏症状

肠道	蛋花状腹泻、黏液状腹泻、便秘、胀气
呼吸道	流鼻涕、打喷嚏、气喘、鼻塞、久咳不愈
皮肤	湿疹、荨麻疹、干燥发痒、嘴唇肿胀

每个宝宝都有鲜明的个体差异，会对不同的食物产生过敏反应，添加新辅食时妈妈应留心观察宝宝是否过敏。

容易引起过敏的食物

食物	过敏原因
蛋清	宝宝肠壁的通透性较高，蛋清中蛋白分子较小，有时能够通过肠壁直接进入宝宝血液，使宝宝过敏。
牛奶	宝宝胃肠功能发育尚不完全，容易对乳糖耐受不良，同时也会对牛奶中的 α－乳白蛋白、β－乳球蛋白及牛血清蛋白过敏。
虾	虾属于异体蛋白，进入人体后被免疫系统识别为体外抗原，立即引发一系列免疫反应，出现过敏症状。
柑橘类水果	宝宝胃肠消化能力弱，食用橘子、西柚、柠檬等水果容易过敏。
草莓	草莓表皮中含有一种与红色有关联的蛋白质，这种蛋白质极易引发过敏。
杧果	杧果属于漆树科植物，鲜杧果中含有一些和油漆类似的成分，对皮肤黏膜有很大的刺激作用，宝宝的皮肤又嫩又薄，容易受到刺激。
菠萝	菠萝所含的蛋白酶能够增加胃肠黏膜的通透性，使得胃肠内大分子异体蛋白质得以渗入血液，导致机体发生过敏反应。
猕猴桃	猕猴桃含有大量的大分子物质，宝宝肠胃功能不健全，无法消化吸收这些物质，很容易造成过敏反应。
花生	花生是最常见的食物过敏原，容易导致人体出现血压降低、面部和喉咙肿胀、哮喘、呼吸困难、过敏性休克等过敏症状。

过敏了怎么办

从开始添加辅食起，妈妈须谨记由少到多的原则，第一次给宝宝吃新辅食时一定不要多喂，仔细观察宝宝是否有过敏症状出现。如果没有不适反应，妈妈可以逐渐增加喂食量，如果出现过敏症状，妈妈必须马上停止给宝宝吃这种食物，过段时间再尝试。如果再次出现过敏反应，妈妈最好带宝宝去医院做个食物过敏检测，确定宝宝属于轻度、中度还是重度过敏。轻度过敏的宝宝可以继续食用过敏食物，妈妈可以从最小量给宝宝添加，让宝宝慢慢适应。如果宝宝属于中度、重度过敏，这种食物就不适合宝宝食用了。

家族有过敏史的宝宝应尽量避免食用容易诱发过敏的食物，有食物过敏史的宝宝可以适当延长添加辅食的时间，等到 6 个月后，消化系统发育较为完善时再添加辅食。米粉依然是辅食的第一选择，接着可以添加薯类、蔬菜，8 个月之后可以添加蛋黄，肉类食物可以从鸡肉开始添加。

坚持母乳喂养的妈妈也应适当忌口，少吃或者不吃容易引起宝宝过敏的食物，比如虾、螃蟹、杧果等。

怎样应对辅食添加的难题

拒绝辅食

宝宝拒绝吃辅食是因为对辅食不感兴趣，妈妈可以隔几天再尝试，也可以把辅食装在宝宝喜欢的餐具里引起宝宝的兴趣，还可以在宝宝面前吃东西，引发他对食物的好奇。

宝宝和大人一样，吃烦了某种食物就会以不吃来抗议，妈妈可以换种烹调方法做给宝宝吃，在宝宝适应了一种食物之后，可以试着添加新的食物。

拒绝吃奶

母乳或者配方奶是 6 个月宝宝的主食，大部分营养物质都靠喝奶获得。有的宝宝吃过辅食之后不再愿意吃奶，此时妈妈首先要找到原因，看看是不是辅食做得不够软烂，导致饱腹感增强，是不是生了鹅口疮……如果都不是，妈妈可以找准时间喂奶，比如宝宝正饿的时候。

哪些宝宝不宜喝配方羊奶粉

体质偏热的宝宝

明代大医李时珍所著的《本草纲目》中记载：“羊乳甘温无毒，可益五脏，补肾虚，益精气，养心肺；治消渴，疗虚劳；利皮肤，润毛发；和小肠，利大肠。”羊奶性温，以羊奶为原料制成的配方羊奶粉比配方牛奶粉更容易导致上火，体质偏热的宝宝不适合食用。

乳糖不耐受的宝宝

每 100 克羊奶中含有 5.4 克乳糖，每 100 克牛奶中含有 3.4 克乳糖，经过生产加工，配方羊奶粉中乳糖含量依然比配方牛奶粉高。因而，乳糖不耐受的宝宝不适合食用一般的配方牛奶粉和配方羊奶粉，妈妈应选购专门为乳糖不耐受宝宝设计的无乳糖配方奶粉。

新手妈咪喂养误区

辅食添加过晚

妈妈应该根据宝宝的实际情况及时添加辅食，一般来讲不应晚于 6 个月。辅食添加不及时，会给宝宝的生长发育带来许多害处。

营养供给不足

100 毫升母乳只能提供 68 千卡的能量，6 个月的宝宝想要获得足够的能量，每次吃奶量需要达到 300 毫升以上，而宝宝的胃容量并没有这么大，因此需要占用空间少、能量高的半流质辅食来补充不足。此外，母乳和配方奶中的维生素 A、维生素 C、维生素 D、钙、磷、铁等营养素含量都不高，宝宝渐渐长大，只吃乳类食物根本无法满足生长发育的需要。

丧失学习机会

随着宝宝体内消化酶分泌的不断增加，辅食能够促进其胃肠的蠕动能力，帮助宝宝锻炼吞咽和咀嚼，对于消化系统的发育和今后的断奶都有好处。辅食添加过晚则会让宝宝失去最佳的学习和成长机会。

给宝宝喂酸奶

酸奶营养价值高，还能保护肠道健康，但是妈妈不能给宝宝喂酸奶。这是因为宝宝的消化系统发育不完善，胃肠道的微生物菌群也不稳定，酸奶进入胃肠道后易刺激，甚至损伤胃肠黏膜，引起菌群失调，可能引发各种肠道疾病。

建议妈妈不要给不满 1 岁的宝宝喝酸奶，1 岁之后可以根据宝宝的发育状况决定是否给宝宝喝酸奶（不要让宝宝空腹喝酸奶）。

频繁更换奶粉品牌

宝宝的消化器官和消化功能还没有发育完善，对于不同的奶粉，每次都需要重新适应。频繁换奶粉品牌容易造成宝宝奶量减少、拉肚子、便秘、呕吐、哭闹等不良反应，其中拉肚子是最常见、最严重的不良反应，有的宝宝还会出现皮肤发痒、出红疹等过敏症状。

因此，妈妈需要坚持一个原则：不要频繁换奶粉。必须给宝宝换奶粉时，可以循序渐进慢慢地换，千万不要心急。

市售辅食优于自制辅食

市售辅食和自制辅食各有优缺点，只要营养丰富又全面，宝宝吃了之后消化吸收良好就是好的辅食。妈妈可以比较之后作出最适合宝宝的选择。

	优点	缺点
自制辅食	新鲜卫生，不含添加剂，种类更多。	容易出现搭配不合理的现象，烹调不当造成营养流失，厨艺欠佳的妈妈做出的辅食味道不好。
市售辅食	省时省力，有些产品强化了铁、维生素A等营养素。	含有不利健康的添加剂，新鲜度不如自制辅食，生产、运输、出售过程难免被污染。

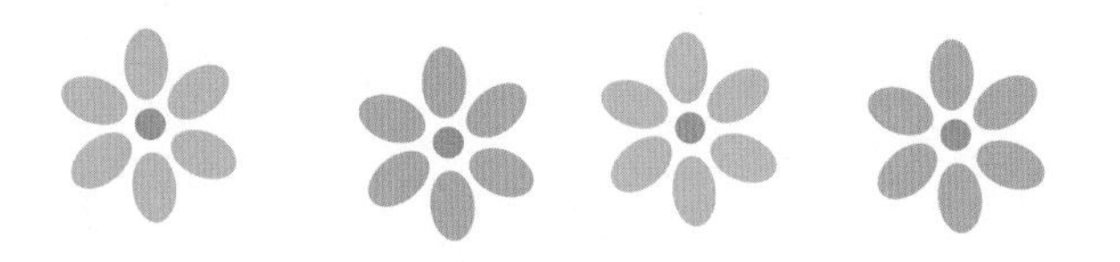

幸福妈妈厨房宝典

鱼泥

原料：新鲜淡水鱼（刺少为佳）50 克
工具：小汤锅
烹调时间：10 分钟
制作方法：
1. 鱼肉洗净，放入锅中煮熟，捞出后剥去鱼皮、剔去鱼刺，然后将鱼肉研碎备用；
2. 将鱼肉碎倒入锅中，加适量开水，文火煮至成泥即可。

营养分析

鱼肉中含有大量的优质蛋白质，易被人体消化和吸收，所含的脂溶性维生素、矿物质以及不饱和脂肪酸也十分丰富。经常食用鱼肉可以促进宝宝发育，强壮宝宝身体。

梨泥

原料：梨半个
工具：小汤锅
烹调时间：5 分钟
制作方法：
1. 梨洗净，去皮、去核，切成小丁备用；
2. 锅中加适量清水，将梨丁倒入锅中，开文火煮至梨丁熟烂；
3. 将梨丁盛出，用小勺压成泥即可。

营养分析

梨中含有丰富的维生素和矿物质，所含的膳食纤维还可以帮助宝宝预防和缓解便秘。此外，梨还具有润肺止咳的功效，可以辅助治疗咳嗽。

鲜玉米糊

原料：鲜玉米 1/3 根

工具：搅拌机、纱布、小汤锅

烹调时间：8 分钟

制作方法：

1. 鲜玉米剥去外皮和玉米须，用刀削下玉米粒，放入搅拌机中搅打成浆，取干净纱布过滤；
2. 将过滤后的玉米汁倒入锅中，文火煮熟即可。

营养分析

玉米含有丰富的钙、镁、维生素A、维生素E，卵磷脂和18种氨基酸的含量丰富，宝宝食用可提高免疫力，促进大脑发育。这款辅食能促进宝宝生长发育。

肉末烂面

原料：猪瘦肉 25 克，挂面 25 克

工具：小汤锅

烹调时间：13 分钟

制作方法：

1. 猪肉洗净，放入锅中煮熟，取出剁成末备用；
2. 锅中加适量清水，煮沸后放入挂面，煮至烂熟；
3. 将肉末放入锅中，煮沸即可。

营养分析

挂面是中国人的主食之一，能为人体提供丰富的能量、碳水化合物、蛋白质等营养物质，易于消化吸收的特性很适合宝宝食用。6个月后的宝宝容易缺铁，猪肉中含有较多的铁元素，是宝宝食用的优质食材。这款辅食能够防治宝宝贫血。

第 7 个月

生长发育特征

身体发育指标

性别 指标	男宝宝			女宝宝		
	最小值	均　值	最大值	最小值	均　值	最大值
体重（千克）	6.9	8.6	10.7	6.4	8.2	10.1
身长（厘米）	65.5	70.1	74.7	63.6	68.4	73.2
头围（厘米）	42.4	45.0	47.6	42.2	44.2	46.3
胸围（厘米）	40.7	44.9	49.1	39.7	43.7	47.7

智能发展特点

没有物体的支撑，宝宝也能坐得很好，能够用手和膝盖将身体撑起来，并前后摇动。宝宝开始学习手势语，可以模仿不同的声音，发出一连串的声音，喜欢不停地咿咿呀呀。宝宝开始懂得“不”的含义，对自己不喜欢的人或事能表现出不满情绪。手部动作更加灵活，学会了拍手和挥手。

营养均衡的表现

营养均衡的宝宝	营养失衡的宝宝
宝宝迎来了第一个减速生长期，生长发育速度略有减慢，1 个月体重平均增长 0.4~0.5 千克，身长平均增长 1.7 厘米；翻滚灵活，能稳稳当当地坐好。	经常哭闹，不喜欢笑；长期腹泻的宝宝易出现维生素缺乏、免疫力下降、营养不良和贫血；营养过剩的宝宝皮下脂肪增厚，体重超标。

本期喂养细节

及时添加半固体食物

大多数宝宝此时已经长出两颗乳牙，进入了蠕嚼期，可以用舌头把软烂的颗粒状食物搅成泥状吞下。妈妈要适时给宝宝添加半固体辅食，帮助宝宝锻炼咀嚼、吞咽能力。

妈妈可以将新鲜蔬菜最嫩的茎叶切成细末，放入油锅中炒熟喂给宝宝，也可以和大米一起煮成粥给宝宝食用。

肉末最好购买猪里脊、鸡脯肉制作，因为这些部位肉质细腻，方便宝宝咀嚼和消化。将肉洗净剁碎，加适量水淀粉和少许盐拌匀，然后蒸熟、煮熟皆可。

遇到宝宝不适应颗粒状食物的情况，妈妈可以做一些羹状辅食，将肉末、菜末、豆腐碎用肉汤煮成半流质食物，喂给宝宝时不要强迫进食，可以先夸奖食物好吃，宝宝真棒，点燃宝宝进食的欲望。

断夜奶的学问

7 个月的宝宝可以一觉睡到大天亮，妈妈可以着手断掉宝宝吃夜奶的习惯了。妈妈可以逐渐减少夜里喂奶的次数和数量，当然也可以直接断掉夜奶。如果宝宝半夜醒来，可以轻轻拍打宝宝的后背，安抚入睡，怕宝宝饿着的妈妈可以在睡前把宝宝喂得饱一些。

不要因为宝宝的哭闹而不忍心断掉夜奶，宝宝哭闹一会儿就会入睡，继续吃夜奶会对宝宝造成不利：习惯吃夜奶的宝宝胃肠负担加重，影响营养物质的吸收；残留在口腔中的乳汁产生乳酸，会腐蚀宝宝的牙齿；习惯性起夜还会阻碍生长激素的分泌，对宝宝的生长产生不良影响。

辅食并非多多益善

妈妈总是害怕宝宝营养不足，希望宝宝能多吃一些，然而宝宝的胃很小，能够容纳的食物有限。妈妈威逼利诱地强迫宝宝多吃，可看起来只有几口的食物却能增加消化系统的负担，诱发消化不良，严重的时候还会让宝宝产生厌食情绪。

吃多吃少宝宝自己说了算，如果宝宝左右躲避勺子，推开妈妈的手，或者紧闭嘴巴，说明已经吃饱了，这个时候妈妈就可以停止喂食了。

宝宝干呕别慌神

引起宝宝干呕的原因很多：宝宝吃手时手指刺激软腭可引发干呕；吞咽能力欠佳的宝宝不能很好地吞咽唾液，仰卧时唾液很可能会呛入气管导致干呕；出牙的宝宝唾液分泌增多，唾液可能刺激咽部，诱发宝宝干呕；冷空气刺激宝宝咽喉也会导致干呕；消化系统疾病也可引发干呕。如果宝宝干呕时没有其他异常现象，干呕后玩得起劲，妈妈不需要太担心。

·写给妈妈·

偶尔的干呕并不要紧，持续性的干呕则需要提高警惕。如果宝宝 1 天干呕 4 次以上，或者持续干呕 1 周以上，妈妈最好带宝宝去医院查明原因。

制作辅食可以加油吗

脂肪是人体不可或缺的营养素之一，宝宝身体和智力发育都离不开脂肪酸。未满 6 个月的宝宝每天需要脂肪提供全天能量的 45% ~ 50%，母乳和配方奶所含的脂肪能够满足宝宝的需求，因此不必在辅食中添加食用油。6 个月之后，虽然宝宝每天需要脂肪提供的能量已减少到全天能量的 35% ~ 40%，但是每天总能量的需求增加了，这时候妈妈可以在辅食中滴几滴食用油为宝宝补充脂肪。

给宝宝添加食用油最好选择植物油（推荐花生油），其中含有大量不饱和脂肪酸，是宝宝神经发育必需的营养素。6 个月至 1 岁的宝宝每天食油量为 5 ~ 10 克，相当于家用小瓷勺半勺至 1 勺的量。

如何给宝宝转奶

转奶就是给宝宝转换奶粉，包括更换奶粉品牌和另一阶段奶粉。频繁给宝宝转奶会引起宝宝不适，因此需要慎重对待。如果妈妈觉得宝宝现在喝的奶粉不适合宝宝，可以考虑转奶。

转奶需要一个循序渐进的过程，坚持新旧结合的原则，先减少 1 小匙旧奶粉，加上 1 小匙新奶粉。如果宝宝没有不适反应，第二天可以减少两小匙旧奶粉，增加两小匙新奶粉，依此类推，直到完全换成新奶粉。妈妈需要谨记，腹泻、发烧、感冒、接种疫苗期间不适合给宝宝转奶。

让宝宝爱上辅食的方法

首先，妈妈吃饭时不要挑三拣四，宝宝会看在眼里，记在心里，轮到自己吃辅食时，遇到妈妈不吃的食物就会拒绝。其次，应固定宝宝每天吃辅食的时间，让宝宝养成习惯，到了时间就意味着要吃饭了。

同样的食材，妈妈可以换着花样做，比如，和其他的食材搭配，或者做成粥、汤、泥、糊、水等不同形式。喂宝宝吃辅食要有耐心，遇到宝宝不配合的情况，妈妈不要把心里的不高兴、焦虑写在脸上，更不能责怪、呵斥宝宝。

新手妈咪喂养误区

催促宝宝快速吃饭

妈妈担心食物冷了会伤害宝宝的肠胃，于是总是催促宝宝快点吃，结果真的伤了宝宝的肠胃。宝宝的消化系统发育不完善，半固体食物不经口腔的充分蠕嚼，进入胃里会加重胃肠负担，造成消化不良。另外，宝宝急于咽下妈妈喂来的食物，可能会导致食物呛入气管。

以妈妈的口味判断辅食的味道

妈妈喜欢先尝一尝宝宝的食物，觉得淡了就再加点盐，这种用成人的味觉判断宝宝食物的方法是错误的。宝宝的味觉比成人敏感得多，食物自然的味道已经足够宝宝品尝，妈妈认为合适的咸甜度对于宝宝来说就过度了。7 个月宝宝的食物宜清淡、柔软，做到少糖、无盐。

各种强化食品当饭吃

强化食品是将一种或者几种营养素添加到食品中去，使营养得到增强的食品。这类食品不是保健药品，也不具备特别的疗效，偶尔给宝宝食用是可以的，但是当饭吃就不可取了。对于宝宝来说，最好的食物是来自大自然的各种天然食物，只要搭配得当、烹调科学，宝宝照样茁壮成长。

幸福妈妈厨房宝典

肝泥

原料：猪肝 50 克

工具：小汤锅

烹调时间：8 分钟

制作方法：

1. 猪肝洗净，剁碎备用；
2. 锅中加适量清水，放入猪肝碎，武火煮沸后改文火煮烂；
3. 将煮烂的猪肝碎捣成泥状，放至温热后用小勺子喂给宝宝。

营养分析

猪肝含有丰富的铁元素，铁元素是造血不可缺少的原料，宝宝食用猪肝可有效防治缺铁性贫血。猪肝富含的维生素A、蛋白质、卵磷脂以及微量元素有利于宝宝的智力发育和身体发育。

什锦补钙粥

原料：鱼肉 50 克，豆腐 25 克，粳米 25 克，青菜 25 克

调料：熟植物油少许

工具：小汤锅

烹调时间：50 分钟

制作方法：

1. 粳米洗净，放入清水中浸泡 30 分钟备用；
2. 鱼肉放入锅中煮熟，留汤备用，将鱼肉的刺剔除干净，压制成泥。

营养分析

豆腐营养丰富，有“植物肉”的美称，富含优质蛋白质和钙质，能够促进宝宝骨骼和牙齿发育，易于消化吸收的特性更适合宝宝柔弱的消化系统。经常吃鱼肉的宝宝更聪明，这是因为鱼肉中的卵磷脂在起作用。这款辅食能够预防便秘，促进宝宝生长发育。

菠菜土豆肉香粥

原料：菠菜 25 克，土豆 25 克，肉末 25 克，粳米 25 克

调料：熟植物油少许

工具：蒸锅、电饭锅

烹调时间：45 分钟

制作方法：

1. 粳米洗净，放入清水中浸泡 30 分钟备用；
2. 土豆洗净、去皮，切成丁，放入蒸锅中蒸熟，取出用勺子压制成泥；
3. 菠菜洗净，放入开水中略焯，捞出沥去水分后剁成菜末；
4. 锅中加适量清水，将泡好的粳米连同浸泡用的水一起倒入锅中，武火煮沸；
5. 将肉末放入锅中，继续煮开后改文火熬煮成粥；
6. 将土豆泥和菠菜末倒入锅中，煮沸后加少许熟植物油调味即可。

营养分析

菠菜所含的膳食纤维可以防止宝宝便秘，所含的胡萝卜素可以在人体内转变成维生素A，维护眼睛和皮肤健康，增强宝宝的抗病力。土豆营养丰富，肉末能够为宝宝补充生长发育必需的多种营养素。

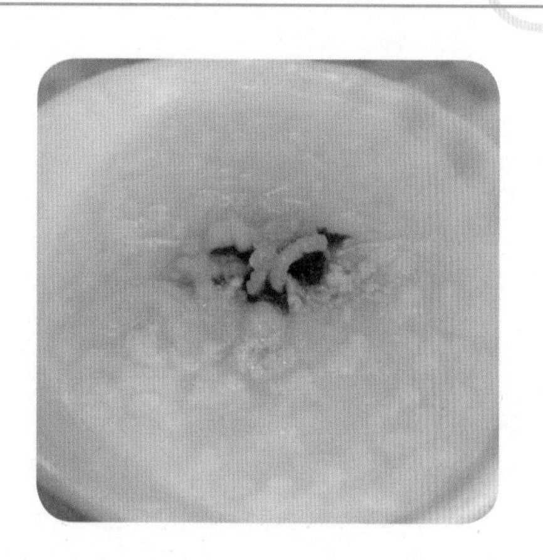

菠菜蛋黄粥

原料：鸡蛋黄 1 个，菠菜 50 克，粳米 50 克

工具：小汤锅

烹调时间：50 分钟

制作方法：

1. 粳米洗净，放入清水中浸泡 30 分钟备用；
2. 鸡蛋黄煮熟，用勺子压制成泥；
3. 菠菜洗净，放入开水中略焯，捞出后沥去水分，切碎；
4. 锅中加适量清水，将粳米连同浸泡所用的水一起倒入锅中，武火煮沸后改文火熬煮成粥；
5. 将蛋黄泥和菠菜碎倒入锅中，继续煮沸即可。

营养分析

蛋黄所含的营养物质可以促进宝宝的生长发育和智能发育，是宝宝生长发育的优质食材之一，因此常常作为动物性食物添加的第一选择。菠菜在促进宝宝生长发育，提高抗病力，防止便秘方面具有显著的功效。这款辅食有助于防治宝宝便秘和贫血。

第 8 个月

生长发育特征

身体发育指标

指标＼性别	男宝宝			女宝宝		
	最小值	均　值	最大值	最小值	均　值	最大值
体重（千克）	7.1	9.1	11.0	6.7	8.5	10.4
身长（厘米）	66.5	71.5	76.5	65.4	70.0	74.6
头围（厘米）	42.5	45.1	47.7	42.5	44.1	46.7
胸围（厘米）	40.1	44.1	48.1	41.0	45.2	49.4

智能发展特点

宝宝能在椅子上坐得很好，靠着或者抓住物体可以站立起来，学会手膝爬行，具有强烈的运动欲望，不喜欢被限制。宝宝能够回想起过去的事情，可以解决简单的问题，明白妈妈简单的指示，并会用摇头来表示“不”。

营养均衡的表现

营养均衡的宝宝	营养失衡的宝宝
身高、体重稳定增长，前囟门逐渐变小，每天都很快乐，很少生病。	不喜欢吃蔬果的宝宝若出现情绪不佳、疲倦、食欲减退、体重减轻、面色苍白等现象，应考虑是否缺乏维生素 C；宝宝前囟门仍在逐渐增大，或者边缘比较软，意味着有缺钙的可能。

本期喂养细节

进入断奶过渡期

6 个月之后的母乳已经不能完全满足宝宝对于能量和营养素的需求，对于新加辅食的好奇也会削弱宝宝对于母乳的依赖，适时断奶对于保证宝宝营养充足以及身心健康发展都有积极的作用。

吃母乳是宝宝形成的一种习惯，要改变旧习惯，形成新习惯需要一个渐进的过程，需像春风化雨、细雨润物般温柔自然，不应该一下子断掉，让宝宝来不及适应。宝宝 8 个月大时进入断奶过渡期，1 岁左右断奶，近 4 个月的适应时间对于宝宝和妈妈都很合适。

断奶过渡期的饮食准备

慢慢减少喂奶的次数，适量增加辅食的次数，每天可以给宝宝喂 2~3 次奶，然后逐渐减少到每天 1 次，最后完全不喂母乳。增加辅食的浓度，浓稠的辅食营养更加丰富、饱腹感更强，能够延长两餐之间的时间，帮助宝宝过渡到一日三餐以辅食为主。

让宝宝多尝试新的食物，尽量把食物煮得软烂、美味一些，逐渐降低宝宝对母乳的依赖度，最好能让宝宝自己不再吃母乳，自然而然地断奶。

提前给宝宝喂配方奶，养成吃配方奶的习惯，以免断奶之后宝宝拒绝配方奶。

宝宝多大能吃盐

食盐过量会对宝宝尚不成熟的肾脏造成负担，更会为成年后患上高血压埋下隐患。不满 6 个月的宝宝每天所需钠元素为 200 毫克，相当于 0.5 克食盐，完全可以从母乳和辅食中获取，不必在辅食中另外添加。8 个月后，宝宝肾脏的排泄功能增强，辅食中可以加少量的食盐调味，每天约 1 克，仍以清淡为主。

脑发育黄金期需要的营养素

宝宝出生时脑部神经细胞的数量已经固定，出生以后脑部发育进入质的飞跃阶段，脑部神经细胞之间连结形成“突触”，犹如互联网，有序地进行信息传递。在宝宝 3 个月的时候，突触数量达到高峰， 3 岁时小脑发育基本成熟，脑重达到成年人的 80%，3 ~ 4 岁时神经髓鞘化基本完成，到 6 岁时宝宝已经形成发达的“大脑互联网”。

0 ~ 6 岁是宝宝脑部发育的黄金时期，婴幼儿时期更是其中的关键阶段。错过了宝宝脑部发育的黄金期，脑部发育所需的营养物质不能充足供给，将会对宝宝一生的脑健康和智力发展产生不可逆的负面作用，即使之后再采取补救措施，也只能事半功倍。能够促进宝宝大脑发育的营养素主要有以下几种。

DHA

DHA 是脑细胞和神经系统发育不可或缺的营养物质，能够活化脑神经，增强记忆力。此外 DHA 还具有保护视网膜的功能，可以促进宝宝的视力健康发展。富含 DHA 的食物有三文鱼、鳕鱼、刀鱼等深海鱼类，鳝鱼、鲫鱼等淡水鱼也含有丰富的 DHA。妈妈在选购配方奶粉时最好选择添加了 DHA 的产品。

卵磷脂

卵磷脂是存在于动植物组织与卵黄中的黄褐色油脂性物质，属于混合物，包括胆碱、脂肪酸、甘油、磷脂等物质。卵磷脂对脑部发育意义重大，脑神经细胞中卵磷脂的含量占 17% ~ 20%。乙酰胆碱是大脑中的一种信息传导物质，由卵磷脂中的胆碱参与合成，因此摄入卵磷脂有助于提高脑细胞的活性化程度以及智力水平。富含卵磷脂的食物有蛋黄、深海鱼类、黄豆、鳝鱼。

糖类

脑组织正常运转需要消耗大量能量，但脑组织本身并不能存储葡萄糖，只能利用血液提供的葡萄糖产生能量，满足生理需求，血液中 2/3 的葡萄糖都需要供给脑组织。谷物、薯类、甜味水果是糖类的优质来源。

蛋白质

蛋白质是大脑组织功能活动的动力，这是因为在脑细胞中，很大一部分是胶原细胞，它们是由胶原蛋白构成的。这些胶原蛋白不仅构成大脑细胞，还形成血脑屏障，有效地保护大脑，记忆力下降也与人体内蛋白质不足有关。肉类、鱼类、蛋奶、豆类及其制品含有丰富的优质蛋白质。

B 族维生素

维生素 B_6 被誉为“神经的维生素”，经常食用富含维生素 B_1 的食物可以帮助宝宝集中注意力，提高记忆力。维生素 B_1 是参与人体糖代谢的重要物质，糖代谢正常，全身各个器官，包括脑组织就有了足够的能量正常运转。维生素 B_6 具有维持大脑和神经系统正常运转的作用，有助于缓解精神紧张、失眠、注意力不集中、头疼等症状。

生物素也是 B 族维生素的一员，可以通过代谢糖、蛋白质、脂肪等三大营养物质为脑组织运转提供充足的能量，促进神经系统的发育。人体一旦缺乏生物素就会出现易疲劳、失眠、记忆力减退等症状。

谷物，尤其是未经深加工的粗粮含有丰富的维生素 B_1，豆类及坚果类食物也是维生素 B_1 的良好来源，豆类、鱼类、动物肝脏、蛋类，以及水果和蔬菜则含有丰富的维生素 B_6。

长牙时期必需的营养素

营养素	功效	每日参考摄入量	食物来源
钙、磷	牙齿的主要组成成分，维持牙齿硬度	钙 400 毫克，磷 300 毫克	奶及奶制品、豆类及豆制品、芝麻、粗粮、虾皮、海带、黑木耳
氟	促进牙齿发育，预防龋齿	0.4 毫克	海产食物，比如鳕鱼、沙丁鱼
蛋白质	缺乏会导致牙齿萌出时间延迟、牙齿参差不齐、牙周组织病变、龋齿	每千克体重需要蛋白质 1.5 ~ 3 克	蛋、奶及其制品、鱼、肉禽、豆类及豆制品、坚果
维生素 A	维护牙龈组织健康	400 微克（适宜摄入量）	动物肝脏、鱼肝油、红黄色蔬菜和水果
维生素 C	促进牙龈健康，预防牙龈出血	50 毫克	新鲜水果和蔬菜
维生素 D	促进钙的沉淀和吸收	10 微克	动物肝脏、鱼肝油
膳食纤维	按摩牙龈、清洁牙齿	无	新鲜的蔬菜和水果、粗粮

宝宝为什么不爱吃蔬菜

不同年龄段的宝宝有特定喜欢和讨厌的颜色，如果蔬菜的颜色刚好是宝宝不喜欢的，宝宝有可能产生抵触情绪。

大部分蔬菜带有或苦或酸的味道，经过烹调也难以掩盖，有的宝宝不吃蔬菜是因为不喜欢蔬菜的特殊味道。

宝宝的咀嚼能力有限，如果妈妈没有把蔬菜切成适合宝宝咀嚼的大小，宝宝嚼起膳食纤维较多的蔬菜会很吃力，进而产生不舒服的感觉，下次再看到蔬菜就会拒绝进食。

新手妈咪喂养误区

阻止宝宝用手抓东西吃

宝宝用手抓东西吃是学习吃饭的必经过程，通过手的抓、捏动作，宝宝更加熟悉食物，培养出对食物的兴趣，避免今后挑食的坏习惯，也为自己拿勺子吃饭做好准备。

抓东西吃还可以训练手部精细动作的发展，手臂肌肉的协调性，以及手眼的平衡能力。阻止宝宝用手抓东西吃等于错过学习吃饭，以及手部动作发展的最佳时机。 妈妈要做的是饭前保证宝宝小手的干净卫生。

用豆奶代替配方奶

豆奶虽然营养丰富，但是钙、脂溶性维生素含量不多，蛋白质也主要由植物蛋白组成，其营养价值远远不及配方奶。用豆奶代替配方奶喂养宝宝，不仅会造成宝宝营养失衡，还会影响宝宝的大脑发育。

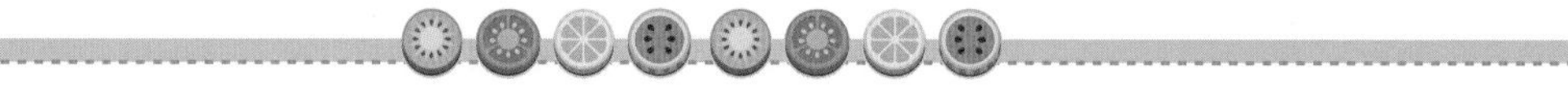

· 育儿百宝箱 ·

空气、阳光、水是大自然赐给人类的健康宝物。在阳光下活动能够提高宝宝脏器的生理功能，以及对外界环境变化的适应力，增强体质和抵御疾病的能力，缺乏维生素 D 的宝宝多晒点太阳有助于预防佝偻病。阳光中的红外线还能温暖身体、扩张血管，帮助宝宝促进其血液循环和新陈代谢。新鲜的空气有助于维持宝宝呼吸系统健康，增强机体免疫力，新鲜空气中丰富的氧气则有利于宝宝的生长发育，尤其是大脑发育。经常在户外活动的宝宝心情会更加愉悦，睡眠也更香甜。

户外活动应因时制宜，宝宝生病的时候不宜外出活动，天气不好时（刮风天、沙尘天、雾霾天、雨天、阴天）也不适合带宝宝出门活动。户外活动时，不要让阳光直射宝宝的眼睛，也不能让阳光长时间直晒宝宝的皮肤。

幸福妈妈厨房宝典

南瓜粥

原料：南瓜 50 克，米粉 35 克
工具：小汤锅
烹调时间：30 分钟
制作方法：
1. 南瓜洗净，去皮去籽，切成丁备用；
2. 米粉用温开水调匀；
3. 将南瓜丁倒入锅中，煮沸后改文火熬煮成蓉，倒入调匀的米粉糊，继续煮沸即可。

营养分析

南瓜含大量的淀粉，易于消化吸收且营养丰富，富含的锌元素参与人体核酸、蛋白质的合成，是肾上腺皮质激素的基础物质，是人体生长发育所需的重要物质。此外，南瓜富含的果胶还可以缓解宝宝的便秘症状。这款辅食可促进宝宝生长发育，预防便秘。

冬瓜肉末面条

原料：冬瓜 25 克，熟肉末 25 克，面条 25 克，熟植物油和高汤适量
工具：小汤锅
烹调时间：13 分钟
制作方法：
1. 冬瓜洗净、去皮、去瓤，放入锅中煮熟，取出切成小丁备用；
2. 锅中清水煮沸，放入面条煮至熟烂，捞出后用勺子捣碎；
3. 锅中倒入适量高汤，放入冬瓜丁、熟肉末和碎面条，武火煮沸后改文火焖两分钟即可。

营养分析

作为日常生活中最常见的肉类，猪肉可以为人体提供优质蛋白质、必需脂肪酸、多种脂溶性维生素以及矿物质，宝宝适量食用猪肉可以有效预防缺铁性贫血。钾是人体维持生命不可或缺的必需营养素，它的主要作用是维持人体酸碱平衡，参与人体的能量代谢，维持神经肌肉的正常功能，冬瓜含有大量的钾元素，宝宝食用有助于生长发育。这款辅食能够预防宝宝贫血、便秘。

奶香土豆泥

原料：土豆 50 克，配方奶 2 匙
调料：白糖少许
工具：蒸锅、小汤锅
烹调时间：13 分钟
制作方法：
1. 土豆洗净去皮，切成小块，放入锅中蒸熟，趁热压成土豆泥备用；
2. 配方奶冲调好后倒入锅中，土豆泥放入锅中，文火煮沸，加适量白糖调味即可。

营养分析

土豆营养丰富，易于消化吸收的维生素及钙、钾等微量元素能够促进宝宝身体发育。这款辅食可防治宝宝便秘。

鲜鱼末

原料：新鲜淡水鱼或海鱼 100 克
调料：料酒和盐少许
工具：蒸锅
烹调时间：25 分钟
制作方法：
1. 鱼肉去鳞、洗净，放入碗中，加适量料酒腌制 10 分钟备用；
2. 锅中加适量清水，煮沸后放入鱼肉，武火蒸熟；
3. 取出鱼肉，去皮、去骨刺，捣碎（不必捣成泥状），加少许食盐拌匀即可。

营养分析

鱼肉可以为宝宝提供丰富的优质蛋白质、不饱和脂肪酸，以及促进大脑发育的DHA等营养物质，宝宝经常吃些鱼肉有助于智力发育。

第 9 个月

生长发育特征

身体发育指标

指标＼性别	男宝宝			女宝宝		
	最小值	均　值	最大值	最小值	均　值	最大值
体重（千克）	7.3	9.3	11.4	6.8	8.8	10.7
身长（厘米）	67.9	72.7	77.5	66.5	71.3	76.1
头围（厘米）	43.0	45.5	48.0	42.7	44.5	46.9
胸围（厘米）	41.6	45.6	49.6	40.8	44.4	48.4

智能发展特点

9 个月的宝宝运动能力明显增强，可以熟练爬行了，不太需要支撑便能站立，开始表现出对某一种运动的偏好。宝宝模仿力越来越强，能模仿手势和表情、声音，看到玩具被藏起来会去寻找。宝宝手指灵活程度提高，可以用拇指和食指对捏抓取小的物体。

营养均衡的表现

营养均衡的宝宝	营养失衡的宝宝
身长比上个月平均增长 1.4 厘米，体重增加约 0.45 千克，胸围和头围的增长相对缓慢，平均增长不到 0.5 厘米；喜欢爬行并且越来越熟练。	爱哭闹，不快乐；睡眠欠佳，夜里易醒。

本期喂养细节

辅食开始当家了

从 9 个月起，宝宝的食物开始以辅食为主，逐渐增加为早、中、晚三餐。此时宝宝从辅食摄取的能量和营养应占到全天所需的 2/3，进一步为断奶做好准备。

妈妈可以给宝宝添加固体食物、硬一点的食物了，比如软米饭、小馄饨、小饺子、馒头。9 个月的宝宝已经具有一定的咀嚼能力，这样的食物能够帮助剩余乳牙萌出，继续锻炼咀嚼和吞咽能力。根茎类食物含有丰富的碳水化合物和膳食纤维，可以满足宝宝日益增加的能量需求。随着宝宝消化系统功能的完善，妈妈应及时增加粗纤维食物，比如碎蔬菜的供给。

宝宝需要补充益生菌吗

人的肠道中存在很多细菌，其中的益生菌能够改善肠道的微生态平衡，有益于肠道健康，如乳酸菌、嗜酸乳杆菌、双歧杆菌等。生长发育良好、身体健康、没有胃肠道疾病的宝宝不需要补充益生菌，胃肠功能不佳，肠道菌群紊乱，因病使用抗生素，突然变换环境导致水土不服的宝宝，可以在医生的指导下补充益生菌。

宝宝吃撑了怎么办

腹胀、打嗝的宝宝需要多躺在床上休息，并注意保暖。待宝宝的不适消失后可以带宝宝出门适量活动，促进消化。给宝宝喂水或者小米汤，每次少喂点，多喂几次。

不要强迫宝宝吃饭，一两顿不吃主食没有大问题。等到宝宝想吃东西时，可以喂点易消化、清淡的食物，比如稀粥、烂面条，一次不要喂太多。

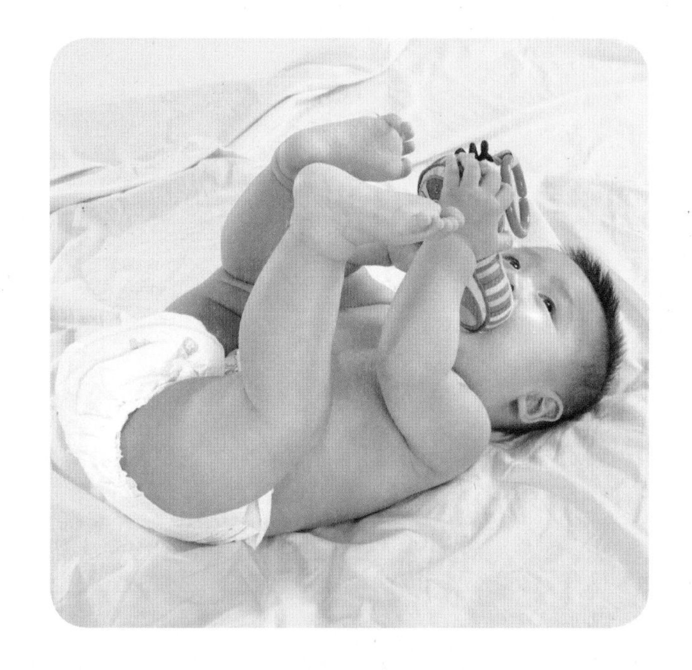

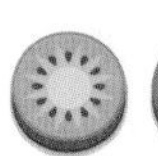
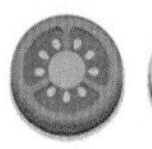

春燥的宝宝怎么吃

春燥的症状

中医所说的春燥是人体内热的一种表现，由于春天阳气上升、气候干燥，人体很容易出现口苦咽干、口臭、口舌生疮、大便干结、小便发黄等上火症状，以及皮肤干燥、眼睛干涩、食欲不振、脾气急躁等不适。

防春燥饮食宜忌

抵抗力弱于成年人的宝宝更容易出现春燥症状，妈妈在准备宝宝的饮食时应积极预防春燥的发生。

宜 ☑ 干燥的气候，加上宝宝活动的增加，宝宝体内容易缺水，妈妈可以适当给宝宝多喝些白开水、鲜榨的果汁。日常饮食可增加润燥食物的供给，比如苹果、梨、香蕉、莲子、银耳、萝卜、冰糖。多给宝宝吃些应季的蔬菜，这有助阳气的生发。

· 写给妈妈 ·

春天是过敏性季节，过敏体质的宝宝春天最好不要吃海鲜。

忌 ☒ 燥热的食物不宜在春天给宝宝食用，例如羊肉、饼干、巧克力。妈妈给宝宝烹调食物时，最好采用蒸、煮、炖的方法，不要煎、炸食物，以免引起上火，导致或加重宝宝的春燥。

厌奶现象巧应对

4 ~ 10 个月的宝宝都有可能出现厌奶现象。宝宝厌奶了，营养怎么满足呢？建议妈妈给已经吃辅食的宝宝做一些美味的母乳辅食，保证宝宝每天的吃奶量。

母乳中的活性物质易被高温破坏，因此在制作母乳辅食时应控制好温度，尽量选择加热温度低的烹调方法，将烹调温度维持在 60℃以下。

4 个月的宝宝可以吃蛋黄泥，妈妈可以用母乳代替温开水，将蛋黄搅成蛋黄泥给宝宝食用，米粉糊中也可以加些母乳。5、6 个月的宝宝吃的果泥、菜泥中同样可以加母乳一起烹调，7 个月后的宝宝还可以吃母乳粥、母乳布丁、母乳面包等食物。

母乳中加入其他食材做成辅食之后，保鲜期大大缩短，保存不当容易变质。妈妈制作的母乳辅食和其他辅食一样，应该一顿一做，吃不完的马上倒掉，不能留着给宝宝下顿吃。

新手妈咪喂养误区

奶粉冲得越浓越好

冲调的奶粉浓度过高会导致宝宝娇嫩的胃肠无法有效地消化吸收营养物质，宝宝长期喝这样的奶粉会造成消化不良。

除了使用刻度精准的奶瓶和奶粉勺之外，想要奶粉冲调得浓度合适，妈妈还需要掌握正确的冲调方法：先加水，后放奶粉。这样冲调的奶粉虽然刻度上看会多一些，但是浓度却刚刚好。不要用矿泉水冲奶粉给宝宝喝，太多的矿物质会引发宝宝消化不良和便秘。

吸盘碗最适合宝宝

宝宝初学吃饭，手、眼、腕部和胳膊的协调能力不强，经常会打翻饭碗。吸盘碗附有一个吸盘，可以把碗固定在桌子上，避免了宝宝打翻碗的麻烦，不过吸盘碗并不适合宝宝使用。学习吃饭需要一个过程，宝宝在学习怎样把饭菜用勺子舀起来，怎样把饭菜安全地送到嘴里的过程中，既锻炼了手眼的协调能力，解决问题的能力，又促进了手部精细动作的发展。如果饭碗固定，宝宝就失去了某些方面的学习和体检。此外，宝宝好奇心强，怎么都打不翻的碗比饭菜更有吸引力，宝宝注意力从饭菜转移到如何把碗打翻上，最终碗还是会被宝宝打翻，得不偿失。

喂粥去米油

中医将熬好的粥上面浮着的一层细腻、黏稠、形如膏油的物质称为米油，它具有健脾和胃、补中益气的功效，滋补作用很强。宝宝的脾胃弱，容易脾胃失调，经常喝点米油对消化吸收有好处，因此妈妈给宝宝喂粥时不应将上面的米油除去。家有脾胃欠佳、经常腹泻的宝宝，妈妈不妨给宝宝多喝点米油，有助于调养肠胃。煮粥的炊具、食材和方法不对，熬出的米油食疗效果会大打折扣。优质米油必须选择优质的新米，煮粥的锅不能有油污，煮粥时应用文火慢慢地熬，且不加任何调味料。

幸福妈妈厨房宝典

水果沙拉

原料：苹果 50 克，香蕉 50 克，配方奶两匙

烹调时间：4 分钟

制作方法：

1. 苹果洗净，去皮、去核，切成丁备用；
2. 香蕉去皮，切成丁备用；
3. 配方奶加少量开水冲调（浓稠些较好），备用；
4. 将苹果丁和香蕉丁装入碗中，淋入配方奶，拌匀即可。

苹果和香蕉都是营养丰富的水果，富含维生素C，能够帮助宝宝提高抵御疾病的能力，促进生长发育；所含的矿物质同样丰富，能够满足宝宝身体发育的需要。

红汤豆腐

原料：番茄 50 克，豆腐 50 克，葱花 3 克

调料：植物油和盐适量

工具：炒锅

烹调时间：10 分钟

制作方法：

1. 番茄洗净切片，豆腐洗净放入开水中焯一下，捞出切小块，备用；
2. 锅中加适量植物油，烧热后倒入番茄片翻炒成汤汁状；
3. 锅中加适量清水，放入豆腐块，武火煮沸后改文火炖两分钟；
4. 撒入葱花，加适量盐调味即可。

营养分析

番茄营养丰富，所含的苹果酸和柠檬酸能够帮助宝宝消化食物。宝宝出牙时期需要更多的钙质，经常吃点豆腐能够预防宝宝缺钙。这款辅食能够促进宝宝骨骼和牙齿发育。

菠菜肉松粥

原料：粳米 50 克，肉松 25 克，菠菜 20 克

调料：盐适量

工具：电饭锅

烹调时间：35 分钟

制作方法：

1. 粳米洗净，倒入清水中浸泡 30 分钟备用；
2. 菠菜洗净，放入开水中焯一下，捞出切成末，备用；
3. 锅中加少量清水，将粳米连同浸泡用水一起倒入，武火煮沸后改文火熬煮成粥；
4. 将肉松和菠菜末放入锅中，加适量盐调味，文火煮 2 分钟即可。

营养分析

肉松中含有丰富的蛋白质和钙，宝宝食用有助于骨骼和牙齿的发育。菠菜含有丰富的铁元素，能够帮助宝宝预防缺铁性贫血。这款辅食能够促进宝宝的身体发育，提高抗病力。

虾蓉小馄饨

原料：虾仁 50 克，小馄饨皮 6 张，紫菜 3 克，葱花 3 克

调料：芝麻油和盐适量

工具：小汤锅

烹调时间：20 分钟

制作方法：

1. 虾仁洗净，剁成蓉，加适量芝麻油和盐，拌匀备用；
2. 将虾蓉包入小馄饨皮中，制成小馄饨；
3. 锅中加适量清水，煮沸后放入小馄饨煮熟，下紫菜和葱花，盛出即可。

营养分析

虾仁所含的蛋白质比蛋、鱼高；矿物质含量丰富，肉质细腻松软，易于消化吸收，宝宝食用能够强壮骨骼和牙齿，又不会增加胃肠负担。

第 10 个月

生长发育特征

身体发育指标

性别 指标	男宝宝			女宝宝		
	最小值	均　值	最大值	最小值	均　值	最大值
体重（千克）	7.5	9.5	11.5	7.0	8.9	10.9
身长（厘米）	68.9	73.9	78.9	67.7	72.5	77.3
头围（厘米）	43.2	45.8	48.4	42.4	44.8	47.2
胸围（厘米）	41.9	45.9	49.9	40.7	44.7	48.7

智能发展特点

宝宝能够在椅子上爬上爬下，开始学习迈步，可以弯腰、下蹲。喜欢拆开、重组物体，对抽屉、柜子里的东西感到好奇，会打开一探究竟。宝宝开始认识身体的部位，能够模仿话语的音调变化。穿衣服时宝宝会伸出胳膊和腿配合妈妈，能够扯掉鞋子和袜子。

营养均衡的表现

营养均衡的宝宝	营养失衡的宝宝
身长、体重持续增长，乳牙长出 4 颗，好奇心强，爱笑。	若头发由黑变黄的情况很严重，应警惕微量元素缺乏；乳牙没有萌出。

本期喂养细节

粗暴断奶伤害宝宝身心

传统的断奶方式包括把妈妈和宝宝分开几天，在乳头上涂抹辣椒、紫药水、黄连等，这些方法对于宝宝来说太粗暴，虽然短时间断奶成功，却对宝宝的身心造成了不小的伤害。

被突然强制断奶的宝宝因为无法适应新的饮食，很可能出现胃肠道功能紊乱，体质差的宝宝还会出现腹泻、消瘦、营养不良等。

粗暴的断奶会让宝宝产生强烈的不安全感和被抛弃的焦虑感，变得情绪不稳定，爱哭闹、夜惊、拒食，更加依赖身边的亲人，为今后形成依赖性埋下隐患。

宝宝断奶是一件很自然的事情，需要一个自然、慢慢过渡的过程。妈妈不可操之过急，可以边添加辅食和配方奶，边减少母乳喂养次数，努力培养起宝宝对于食物的兴趣，减少宝宝对母乳的依恋程度。

什么时候不适合断奶

夏季

夏季的高温使得食物容易腐烂变质，流汗多会造成消化酶和胃酸生成相对不足，宝宝患上肠胃疾病的概率因而增加。这个时候断奶容易导致宝宝中暑、脱水热、消化不良、肠道传染病、营养不良。

生病

宝宝生病期间免疫力会降低，饮食的变化让他们难以适应，不利于病情好转，甚至会出现病情加重的情况。妈妈可以等到宝宝病愈两三周之后再断奶。

·写给妈妈·

如果宝宝的最佳断奶时间正好赶上夏天，妈妈可以将断奶时间提前或者推后一些。若必须断奶，妈妈需要认真谨慎地选择制作辅食的食材，不新鲜、易过敏、难消化的食材都不能给宝宝食用。烹调使用的炊具和餐具必须清洁卫生，每天进行严格的消毒。

即使宝宝没有生病，妈妈最好还是带宝宝到医院做一次全面的体格检查，确定宝宝身体状况良好、消化功能正常之后再着手断奶。

生活环境的较大变化容易让宝宝产生焦虑、恐惧等不良情绪，水土不服的宝宝还容易患上各种疾病，这个时候最好不要给宝宝断奶，等到宝宝熟悉了新环境再实施断奶也不迟。

照顾宝宝的保姆换人之后，妈妈也不要急着给宝宝断奶，等宝宝熟悉新保姆之后再开始。

最适合断奶的时节

太冷、太热的天气都会给宝宝带来不适感，突然断奶会让宝宝更加难以适应新的饮食，体质弱的宝宝还有可能出现呕吐、腹泻。春天和秋天温度适宜，尤其是秋天，秋高气爽，物产丰富，应季的水果、蔬菜较多，选择这个时候断奶，可以把对宝宝的不良影响降到最低。1 岁左右是宝宝断奶的最佳时机。

断奶后如何安排宝宝饮食

食物要全面

每种食物含有特定的营养成分，全面的食物供给才能保证宝宝营养充足。宝宝每天的食物应包括谷物、肉禽、鱼、蛋、果蔬、奶，薯类和粗粮也可以适量做给宝宝吃。

烹调得当

宝宝的食物要有别于成年人，宜做得细、软，容易消化。为了宝宝吃饭香，妈妈应该多学习一些烹调手法和技巧，变换食物花样，避免宝宝产生厌食情绪。

定时定量

断奶后宝宝的一日三餐时间可以和父母吃饭的时间统一起来，然后两餐之间可以喂水果、点心加餐，起床后、睡觉前可喂配方奶。

严控卫生

母乳无菌卫生，所含的免疫性物质还能保护宝宝免受病毒和细菌的侵害。断奶之后，宝宝失去了母乳的天然保护，食物的卫生要求必须更加严格，除了要严格消毒餐具之外，还要让宝宝养成良好的卫生习惯；饭前便后洗手，睡前刷牙，饭后漱口。

适合宝宝的健康烹调法

烹调方法	原理	对营养素的影响
煮	将食物放入多量的汤汁或清水中，武火煮沸后改中火或文火慢慢煮熟。	使碳水化合物和蛋白质发生水解，促进人体对两者的吸收；会破坏少部分维生素C和B族维生素；钙、磷溶于汤汁中。
蒸	以水蒸气为导热体，用武火或中火将调味后的食物加热至熟，分为干蒸、清蒸、粉蒸等不同蒸法。	会损失一部分水溶性维生素；钙、磷等矿物质不会流失；对蛋白质与碳水化合物的影响与煮相似。
炒	将食物处理成丝、丁、片、条、块后加底油，用武火快速翻动加热至熟，根据食材、火候、油温的不同可分为干炒、熟炒、生炒、滑炒等不同方法。	如不急火快炒会破坏一部分维生素C，其他维生素基本没有损失。
炖	先用葱、姜等调味料炝锅，加多量汤汁煮沸，放入食材，武火煮沸后改文火慢慢煮熟。	维生素C和B族维生素损失较多；提高人体对蛋白质、碳水化合物及脂肪的吸收利用率。
汆	将食物处理成细小的丝、片、丁或丸子，水沸后放入，武火迅速加热至熟。	水溶性维生素损失较少。

宝宝餐的烹调禁忌

烹调方法	原　理	对营养素的影响
炸	锅中油烧热，将食物放入，武火加热至熟，分为干炸、软炸、清炸、松炸等不同方法。	油温越高，油脂氧化和热聚合的速度越快，产生的致癌物越多，同时破坏多种营养素，比如维生素 A、维生素 C、B 族维生素、维生素 E。
熏	将食物做熟之后再用烟熏制。	维生素C和B族维生素被大量破坏，产生致癌物质。
卤	将食物放入调制好的卤汁中煮熟，放凉后食用。	大量破坏水溶性维生素；造成钙、磷等矿物质流失。
烤	将食物放在火上，或者烤炉中加热至熟。	大量破坏维生素、蛋白质、脂肪，产生致癌物。

新手妈咪喂养误区

断奶就是断掉所有奶

断奶指的是断掉母乳，并非一切奶类食品。对于未满 1 岁的宝宝来说，奶才是主食，这也是为什么添加的其他食物叫作辅食的原因。断奶后的宝宝每天仍需要喝 500 ~ 800 毫升的配方奶。

1 岁后才断奶的宝宝也可以喝些酸奶、牛奶，吃点奶酪，这些奶制品对于宝宝的生长发育都有益处。胃肠不好的宝宝消化吸收能力弱，可延长吃配方奶的时间，逐渐过渡到喝鲜奶。

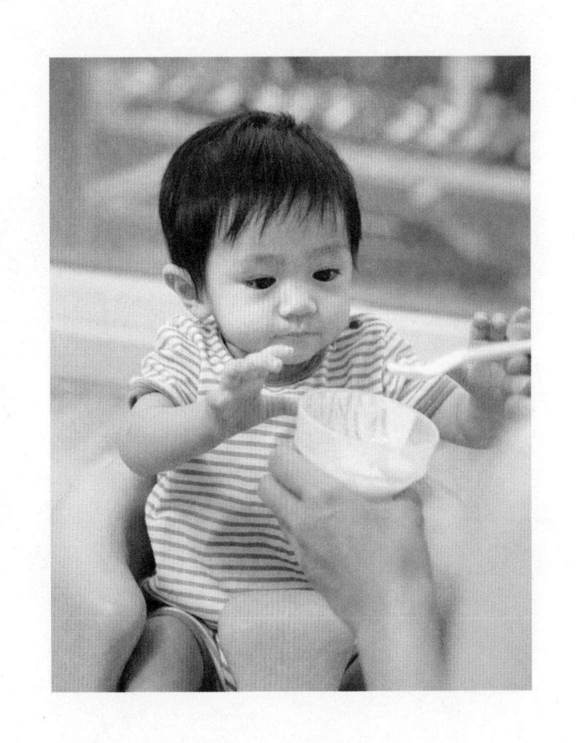

乳酸菌饮料、果味奶、酸乳饮料虽然以鲜乳或乳制品为原料，但是加入水、糖、酸味剂等成分，不适合给宝宝饮用。

宝宝腹泻了，赶紧禁食

腹泻虽然会影响宝宝的消化系统功能，降低胃肠道的消化吸收能力，但是仍然可以消化吸收一部分营养物质。因此，没有断奶的宝宝可以继续吃母乳，断奶的宝宝可以喝平时奶量 2/3 的配方奶（需要冲得稀一点儿）。如果宝宝表现出没吃饱，妈妈还可以给宝宝适当喂点米汤、稀粥、新鲜的菜水。

断奶哭闹不必理会

断奶初期，宝宝大多会以哭闹来表达自己的不满、焦虑、恐惧、愤怒、委屈，这个时候妈妈不要不理宝宝，简单地认为哭闹一会儿就好了。首先妈妈要弄明白宝宝为什么哭闹，是饿了想吃奶，还是太依赖妈妈，感觉自己被抛弃了。如果是前者，妈妈可以冲好配方奶或者准备好点心、水果喂给宝宝。如果是后者，妈妈应该满足宝宝的心理需求，给宝宝充满温暖的心灵慰藉，多和宝宝说说话，多陪宝宝玩耍，多爱抚或者抱抱宝宝。

幸福妈妈厨房宝典

香甜芝麻粥

原料：黑芝麻 15 克，粳米 50 克
调料：白糖少许
工具：炒锅、电饭锅
烹调时间：35 分钟
制作方法：
1. 粳米洗净，放入清水中浸泡 30 分钟备用；
2. 黑芝麻洗净后晒干，放入锅中文火炒熟，取出晾凉后研碎备用；
3. 锅中加适量清水，将粳米连同浸泡所用的水一起倒入锅中，武火煮沸后改文火熬煮成粥；
4. 将黑芝麻碎放入锅中，稍煮片刻后加少许白糖调味即可。

营养分析

芝麻中钙质和铁元素的含量十分惊人，含钙量仅次于虾皮，含铁量约比猪肝高1倍。经常给宝宝食用芝麻可以有效预防佝偻症和缺铁性贫血，其所含的蛋白质量多且质优，同样有助于促进宝宝的生长发育。

香菇萝卜球粥

原料：香菇 25 克，白萝卜 50 克，粳米 50 克
工具：电饭锅、挖球器
烹调时间：35 分钟
制作方法：
1. 香菇洗净切丁，白萝卜洗净后用挖球器挖成球备用；
2. 锅中加适量清水，倒入洗净的粳米，武火煮沸后放入香菇丁和萝卜球，继续煮沸后改文火熬煮。

营养分析

香菇属于营养丰富的菌类食材，能够在强壮宝宝身体的同时提高机体免疫力。经常吃点萝卜能够增强机体免疫力，丰富的膳食纤维还能促进胃肠蠕动，有助于宝宝预防便秘。这款辅食能够帮助宝宝抵御疾病。

小贴士：

萝卜处理成球形有助于宝宝认识物体的形状，食用时妈妈需要用勺子把萝卜球捣碎，以免噎着宝宝。

山药小米粥

原料：山药 50 克，小米 25 克
调料：白糖少许
工具：电饭锅
烹调时间：35 分钟
制作方法：
1. 山药去皮，洗净后捣碎；
2. 小米洗净备用；
3. 锅中加适量清水，倒入小米和山药碎，武火煮沸后改文火熬煮成粥，加适量白糖拌匀即可。

营养分析

消化不良是宝宝经常出现的不适，吃不下饭意味着身体里营养的缺乏。这款辅食可以帮助宝宝远离消化不良、大便稀溏的烦恼。

双蔬猪肉饺

原料：猪肉 50 克，白菜 25 克，芹菜 25 克，小饺子皮 5 个，葱花适量
调料：熟植物油、酱油和盐适量
工具：小汤锅
烹调时间：25 分钟
制作方法：
1. 猪肉洗净，剁成末，加适量酱油搅拌均匀，腌制片刻；
2. 白菜和芹菜分别洗净切成末；
3. 将白菜末和芹菜末、猪肉末放入一个碗中，加适量熟植物油和盐搅拌成馅，包入饺子皮中制成饺子；
4. 锅中加适量清水，煮沸后放入饺子，煮熟；
5. 饺子连汤盛入碗中，加少许酱油，撒上葱花即可。

营养分析

猪肉可以为宝宝提供丰富的优质蛋白质、脂肪以及多种矿物质，白菜和芹菜富含维生素C，能够提高宝宝抵御疾病的能力。这款辅食有助于宝宝的生长发育。

第 11 个月

生长发育特征

身体发育指标

性别／指标	男宝宝			女宝宝		
	最小值	均　值	最大值	最小值	均　值	最大值
体重（千克）	7.7	9.8	11.9	7.2	9.2	11.2
身长（厘米）	70.1	75.3	80.5	68.8	74.0	79.2
头围（厘米）	43.7	46.3	48.9	42.6	45.2	47.8
胸围（厘米）	42.2	46.2	50.2	41.1	45.1	49.1

智能发展特点

宝宝可以不抓任何东西走上一两步，有的宝宝能在妈妈的牵引下颤巍巍地走路。宝宝开始学习正确使用玩具，能够辨认图片中的动物，认识日常生活用品。拿不到的东西会自己想办法，比如借助外物，或者将容器的盖子拿掉。宝宝通常能够模仿大人说话，说一些简单的词。

营养均衡的表现

营养均衡的宝宝	营养失衡的宝宝
身长比上月增加约 1.3 厘米，体重增加 0.7 千克左右；皮肤光滑有弹性；头发乌黑有光泽；抗病能力强，很少生病。	营养不良的宝宝皮肤松弛，头发干枯无光泽，经常生病；营养过剩的宝宝体重增长迅速，皮下脂肪积聚多且分布均匀，不爱运动，易出汗。

本期喂养细节

警惕断奶后营养不良

断奶被称为第二次母子分离，对宝宝的生理和心理都有很大的影响。有的宝宝会在断奶后变瘦，这种情况的出现大多和断奶的方法不科学，断奶后饮食搭配不合理有关。妈妈需要提高警惕，留心观察宝宝的变化，悉心安排宝宝的饮食，别让粗心大意耽误了宝宝的生长发育。

11 个月的宝宝每天需要 500 毫升左右的配方奶，吃粥、面条、软米饭、小馄饨、小饺子、馒头、面包等谷类食物，以及肉类、蛋类、鱼类、动物肝脏等高蛋白、高铁食物，蔬菜和水果也是宝宝每天必需的食物，豆制品也需要少量食用。

如何让宝宝爱上主食

面食

面食可以通过改变造型，让宝宝产生进食的兴趣。妈妈可以将馒头、面包做成可爱的造型，或者各种几何图形，让宝宝既学习知识又胃口大开。

颜色鲜艳的面食同样能赢得宝宝的好感，妈妈可以用南瓜汁、胡萝卜汁、番茄汁等蔬菜汁将面团和成各种漂亮的颜色，然后再做成各种面食。

· 写给妈妈 ·

由于调味品很少，很多宝宝不喜欢吃面条，因为没有味道。除了把面条做成彩色的之外，妈妈还可以用鸡汤、骨头汤来代替清水煮面条。

米食

宝宝的粥和软米饭不要总是一成不变。煮米饭和粥时，妈妈可以放些嫩玉米碎、胡萝卜粒、嫩豌豆碎等五颜六色的食材，也可以将大米和小米、黑米、红枣搭配起来，让米食的口感和味道都呈现新意。

米饭和粥同样可以通过造型吸引宝宝。妈妈可以用手将米饭做成动物造型，用芝麻、圣女果、草莓等食材给动物填上五官和衣帽；普通的白粥上面可以用蔬菜、水果、肉末、蛋黄末等点缀出宝宝喜欢的几何图案。

预防宝宝变成小胖墩儿

帮助宝宝多运动

妈妈可以多带宝宝到户外活动，多和宝宝一起玩耍，让宝宝多活动，这样既可以促进宝宝的生理和智力发育，又能防止婴幼儿肥胖。

控制高糖食物摄入量

11 个月的宝宝可以吃很多点心了，市售的点心大多属于高糖、高油脂食物，营养和主食差不多，能量和含糖量却高出数倍，妈妈不能让宝宝随意多吃，巧克力、奶糖、水果糖等纯糖食物最好不要给宝宝吃。

·写给妈妈·

家族遗传性肥胖的宝宝应少吃含糖量高的水果，比如香蕉、葡萄等。

不要总是催宝宝多吃

每天多吃的几口食物所提供的能量宝宝消耗不完，只好存在身体里，长此以往宝宝就会发胖。妈妈不要用“填鸭”的方法喂养宝宝，给宝宝埋下健康的隐患。

消化不良如何饮食调理

消化不良症状

宝宝消化不良的最常见症状是腹泻，除了腹泻，宝宝还可能出现胀气、口臭、食欲不振、面部潮红、睡觉时乱翻（有时伴有咬牙）等不适。

· 写给妈妈 ·

通过异常的大便，妈妈可以判断出宝宝对哪类食物消化不良：大便量多、泡沫多、粪质粗糙，含食物残渣或未消化的食物，说明宝宝饮食中淀粉含量过高；大便呈黄褐色稀水样，或夹杂有未消化的奶瓣，伴有刺鼻的臭鸡蛋气味，说明宝宝蛋白质消化不良；大便量多、呈糊状，外观油润发亮，内含较多奶瓣和脂滴，臭气大，说明宝宝脂肪消化不良。

怎样饮食调理

1. 保护好食欲　宝宝天生拥有好食欲，妈妈需要做的就是不要让宝宝丧失了与生俱来的能力：为宝宝提供温馨的进餐环境，不强迫宝宝进食或者多吃某类食物，不在吃饭前后使宝宝过度兴奋或者伤心。

2. 控制零食　不要在饭前给宝宝吃零食，尤其是糖、脂肪含量高的零食。必须吃零食时请选择健康食物，比如水果、自制低糖面包，不要给宝宝吃甜点以及油炸、膨化零食。

3. 定时定量　宝宝的消化腺发育并不成熟，脾胃功能还不完善，定时定量进食能够保护消化系统，使其有张有弛，更好地消化食物。

4. 保证卫生　宝宝的免疫力比不上成人，细菌、病毒更容易伤害其娇弱的肠胃。妈妈在给宝宝制作食物时应该严把卫生关，同时让宝宝养成饭前便后洗手的习惯。

5. 食疗　淮山粥可以调补脾胃，白萝卜粥能够顺气开胃，蒸苹果可以缓解腹泻。

· 写给妈妈 ·

腹部受寒会刺激宝宝的肠胃，妈妈要注意给宝宝腹部保暖。让宝宝养成定时排便的习惯能够保持消化道通畅，减少肠道的毒素堆积，同样有助于缓解消化不良。如果宝宝长期消化不良，妈妈不要擅自用药，最好带宝宝去医院诊治。

按照宝宝年龄段选择调味料

宝宝年龄	可以吃的调味料
6 ~ 12 个月	少量食盐、白糖
1 ~ 3 岁	盐、糖、蜂蜜、酱油、醋及少量葱、姜、蒜、洋葱

新手妈咪喂养误区

出牙晚是缺钙

宝宝出牙的时间早晚有别，有的宝宝 4 个月就有乳牙萌出，有的宝宝等到 10 个月才开始长牙，少数宝宝 1 岁左右才会长出两颗牙。出牙早晚受遗传、营养、性别、地域等因素影响，父母出牙晚，宝宝出牙可能会晚一些，缺乏钙质也会导致宝宝出牙晚，男宝宝出牙一般会晚于女宝宝，生活在低温地区的宝宝会比高温地区的宝宝出牙晚。

如果 11 个月的宝宝还没长牙，妈妈应该带宝宝去医院检查一下是否患有先天的牙胚缺失，以及是否缺钙，而不是自己擅自做主给宝宝补钙，吃鱼肝油。如果宝宝不缺钙，过量的钙质进入宝宝体内之后会增加肾脏和肠胃的负担，影响健康。过量的维生素 D 会引起中毒。

· 写给妈妈 ·

酱油分为烹调酱油和餐桌酱油，烹调酱油只能用于烹调食物而不能直接食用，餐桌酱油可以直接食用也可以用于烹调食物，妈妈在购买时应仔细分辨。

头发稀黄要补锌

宝宝缺锌的症状

宝宝缺锌会表现出食欲不佳，消化功能减弱，头发稀黄，反复呼吸道、肠道感染，长久不愈的对称性皮炎，生长发育落后。

头发稀黄怎么办

宝宝头发稀黄与遗传、营养有关。爸妈发色偏黄，宝宝头发稀黄一般都属于正常情况。不放心的妈妈可以带宝宝去医院测一下微量元素，看看宝宝是否缺乏锌元素。如果不缺，妈妈就不要太过担心，可以给宝宝勤洗头、勤剪头发，促进头发生长，但不要给宝宝剃光头，以免造成外伤感染。如果缺锌，妈妈应遵照医嘱给宝宝补锌，同时给宝宝多吃些富锌食物，比如海产品、猪肉、鸡肝。

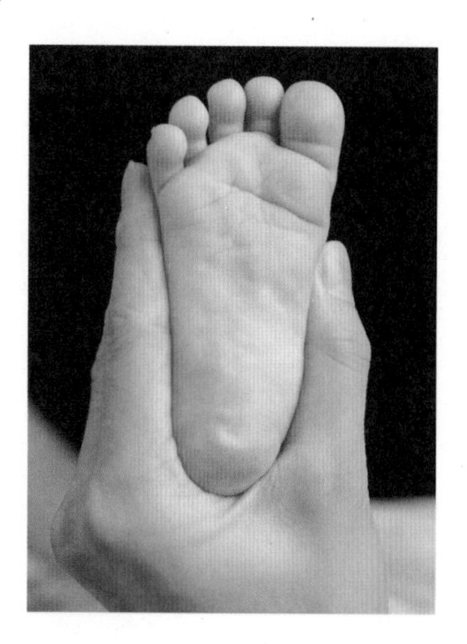

给宝宝用彩色餐具

彩色餐具色彩鲜艳，绘有可爱的图案，是最受宝宝喜欢的餐具。但是这类餐具绘图时所用的化学颜料并不安全，比如很多生产商使用的彩釉中含有大量的铅元素，宝宝吸收铅元素的速度比成年人快数倍，代谢出休外的量却很少，长期使用这类餐具会导致宝宝体内铅元素含量过高，影响智力发育和心血管系统的健康。给宝宝买餐具，最好选择易清洗、圆形的不锈钢餐具。不过这类餐具具有烫手、不保温的缺点，妈妈可以挑选双层的不锈钢餐具，这样既不会烫着宝宝，又能保持饭菜长时间温热。如果宝宝只喜欢彩色餐具，妈妈可以选择外部绘图的产品，内部绘有彩图的餐具一定不能买回家给宝宝用。

· 写给妈妈 ·

不锈钢餐具只能作为餐具给宝宝使用，吃剩的菜、汤不要用不锈钢餐具盛放，以免餐具中的镍和铬溶解出来，影响宝宝大脑和心脏的健康。

幸福妈妈厨房宝典

什锦小馄饨

原料：胡萝卜 25 克，香菇 25 克，水发木耳 25 克，鸡蛋 1 个，猪瘦肉 50 克，馄饨皮 10 个

调料：熟植物油和盐适量

工具：小汤锅

烹调时间：25 分钟

制作方法：

1. 猪瘦肉洗净后剁成肉末，打入鸡蛋，加入少量清水一起搅拌均匀备用；
2. 胡萝卜洗净去皮、切成末，香菇洗净切末，木耳洗净切末；
3. 各种蔬菜末和肉末倒在一起，加适量熟植物油和盐搅拌均匀，制成馄饨馅；
4. 将馄饨馅包入馄饨皮中，煮熟即可。

营养分析

经常食用香菇可以有效增强宝宝的抗病能力，对于感冒的预防有着良好的效果；香菇所含的维生素D还可以预防佝偻病的发生。木耳中含有丰富的钙、铁元素，经常食用可以帮助宝宝预防缺铁性贫血。这款辅食能够有效防治缺铁性贫血。

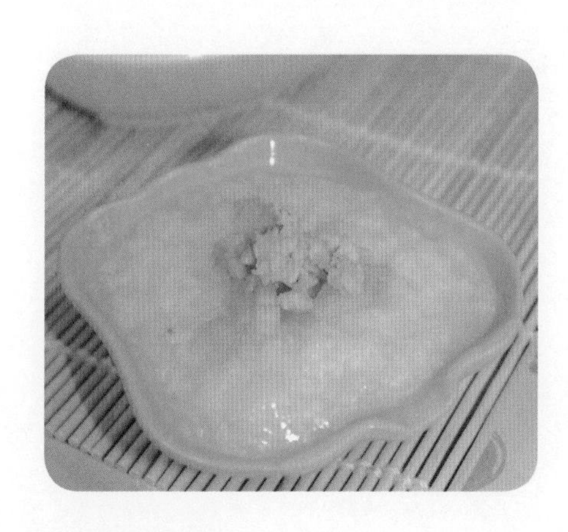

芹菜鸡肉粥

原料：鸡肉 50 克，芹菜 50 克，粳米 50 克，葱、姜适量

调料：酱油、植物油和盐适量。

工具：炒锅、电饭锅

烹调时间：35 分钟

制作方法：

1. 粳米洗净，倒入清水中浸泡 30 分钟，芹菜洗净，切小丁备用；
2. 锅中加适量清水，将粳米连同浸泡所用的水一起倒入锅中，武火煮沸后改文火熬煮成粥；
3. 鸡肉洗净后剁成肉末，葱洗净后切末，姜洗净切末备用；
4. 锅中加适量植物油，烧热后倒入肉末炒散，然后放入葱姜末和酱油，翻炒至熟；
5. 将炒好的肉末和芹菜丁倒入煮粥的锅中，加适量食盐调味，文火焖煮 5 分钟即可。

营养分析

鸡肉所含的蛋白质数量多、种类全、消化率高，易于宝宝消化和吸收；此外，鸡肉还是人体内脂肪和磷脂的重要来源之一，所含的磷脂类物质对生长发育有着重要作用，因此宝宝经常食用鸡肉可以强壮身体、促进发育。

清蒸小肉丸

原料：猪瘦肉 75 克，姜少许
调料：盐、料酒、水淀粉适量
工具：蒸锅
烹调时间：30 分钟
制作方法：
1. 猪瘦肉洗净，用刀背拍松后剁成泥，放入葱花、料酒、水淀粉和盐，搅拌均匀，放置 8 分钟左右；
2. 将肉泥做成小丸子，摆盘后放入锅中蒸熟即可。

营养分析

猪肉含有丰富的蛋白质、脂肪、钙、磷、铁等营养素，具有补虚强身、滋阴润燥的作用，所含的铁元素，以及促进铁吸收的半胱氨酸能够防治宝宝缺铁性贫血。

蔬菜豆腐汤

原料：番茄 50 克，豆腐 50 克，洋葱 25 克，白菜 25 克，葱花少许
调料：植物油、盐适量
工具：炒锅
烹调时间：20 分钟
制作方法：
1. 番茄、豆腐、洋葱、白菜分别洗净、切丁备用；
2. 锅中加适量植物油，烧热后下洋葱丁翻炒至香气四溢，倒入适量清水，放入番茄丁、豆腐丁、白菜丁，煮熟；
3. 加适量盐调味，撒上葱花即可。

营养分析

豆腐不仅含有丰富的优质蛋白质，还含有大量的钙、铁、磷、镁等人体必需的矿物质，宝宝经常吃点豆腐有益于骨骼发育。番茄能够生津止渴、健胃消食、补血养血，尤其适合吃饭不香的宝宝食用。白菜则能够为宝宝提供丰富的维生素。这款汤可预防宝宝便秘。

第 12 个月

生长发育特征

身体发育指标

性别 指标	男宝宝			女宝宝		
	最小值	均　值	最大值	最小值	均　值	最大值
体重（千克）	8.0	10.1	12.2	7.4	9.5	11.6
身长（厘米）	71.9	77.3	82.7	70.3	75.9	81.5
头围（厘米）	43.9	46.5	49.1	43.0	45.4	47.8
胸围（厘米）	42.5	46.5	50.5	41.4	45.4	49.4

智能发展特点

宝宝能够分辨出远近空间的不同，能跟着音乐或儿歌的节奏做点头、拍手等简单运动。

12 个月的宝宝可以在父母之间独自行走，认识很多颜色，喜欢学习动物的叫声，可以搭起一层积木，会玩套五环。

营养均衡的表现

营养均衡的宝宝	营养失衡的宝宝
虽然身体发育的个体差异越来越明显，但身长、体重依然稳定增长；基本能独自行走；辅食吃得香，睡眠质量高；看起来白白胖胖，不消瘦。	营养不良的宝宝消瘦，不喜欢吃辅食，抵抗力差；营养过剩的宝宝动作笨拙，嗜食甜食、肉类，不好动，易疲倦。

本期喂养细节

这些食物宝宝不能多吃

食物种类	不能多吃的食物	原因
谷物	黄米、糯米	黏度高，不易消化
蔬菜	韭菜、洋葱、蒜、大段芹菜	粗纤维多，味道刺激，易损伤肠胃
水果	橘子、李子、柿子、菠萝、杏、西瓜	橘子和菠萝易过敏，柿子难消化，李子伤脾胃，杏有损骨骼和牙齿，西瓜性寒，刺激肠胃

粗粮怎么吃才健康

粗粮包括玉米、小米、高粱米、黑米、燕麦、薏米、荞麦等谷物，以及红豆、绿豆、青豆等杂豆类食物。

粗粮营养丰富，维生素、矿物质含量大多超过精制米面，膳食纤维含量尤其高，不过宝宝却不适合多吃粗粮。过多的膳食纤维会加重胃肠负担，长期吃大量粗粮还会影响其他营养素的吸收，导致营养不良。缺钙、缺铁的宝宝最好不要吃粗粮。便秘的宝宝适量吃些粗粮可以促进胃肠蠕动，缓解便秘带来的痛苦。身体健康的宝宝也可以吃粗粮，不过不能多吃，每天吃 1 种就很好。

妈妈可以把粗粮用来煮粥、煮饭，粉末状的粗粮还可以做成馒头、花卷、发糕、烙饼、面条给宝宝食用。

· 写给妈妈 ·

很多宝宝不喜欢吃肉，妈妈会选择豆类食物为宝宝补充蛋白质。有些豆类食物虽然营养丰富，但是不利于消化吸收，宝宝每天进食豆类及豆制品不要超过50克。

海鱼、淡水鱼哪个适合宝宝

适合的食物才是最好的食物，食物本身并没有优劣之分，给宝宝吃海鱼还是淡水鱼，妈妈要根据自家宝宝的实际情况判断。

海水鱼富含 DHA，更能促进智力发育，但是海水鱼中也含有较高的脂肪，消化能力差的宝宝食用之后会出现腹泻等消化不良症状。

与海水鱼相比，淡水鱼油脂含量相对较少，有助于宝宝消化吸收，但是淡水鱼也不是十全十美的，它们的刺又小又多，一不小心就卡着宝宝了，DHA 等脑部发育所需的营养素含量也逊于深海鱼类。

妈妈选购时应该充分考虑自家宝宝的实际情况，比如月龄、消化吸收能力、口感喜好。胃肠消化能力强就多买点海鱼给宝宝吃，脾胃虚弱的宝宝就多吃点淡水鱼，不要纠结于哪种鱼更好，多选几种鱼给宝宝交替着吃。适合大部分宝宝食用的鱼有带鱼、黄花鱼、三文鱼、鲈鱼和鳝鱼。

·写给妈妈·

罗非鱼、鲶鱼、金枪鱼、鲨鱼、方头鱼、旗鱼、箭鱼等体型较大的食肉鱼不适合宝宝食用，它们体内有可能含有少量的汞，宝宝身体的解毒能力差，长期食用会损害宝宝的大脑及神经系统。不论海鱼还是淡水鱼，妈妈都需要购买足够新鲜的，以免宝宝食物中毒。

如何选购好鱼

三文鱼

手感 优质三文鱼有弹性，用手指按压后会慢慢恢复；劣质三文鱼则无弹性。

颜色 优质三文鱼有鲜润的光泽，腮发红；劣质三文鱼无光泽、腮部发黑。

口感 优质三文鱼肉质饱满结实；劣质三文鱼有霉味、肉质松散。

带鱼

手感 优质带鱼鳞片不易脱落、肉厚实、有弹性；劣质带鱼鳞片易脱落、肉松软、弹性差。

颜色 优质带鱼呈银灰色、有光泽；劣质带鱼则附着有一层黄色物质。

鱼身 优质带鱼鱼眼饱满透明、鱼身完整；劣质带鱼鱼眼凹陷混浊，有破肚、断头现象。

黄花鱼

手感 新鲜黄花鱼肉质坚实有弹性，表面有一层透明黏液，鳃盖不易打开；不新鲜的黄花鱼则肉质松软，指压后恢复差，体表黏液不透明、有异味。

颜色 新鲜黄花鱼鱼鳃鲜红；不新鲜的黄花鱼鱼鳃呈淡红色。

鱼身 新鲜黄花鱼鱼头和鱼尾不弯曲，鱼眼饱满透明；不新鲜的黄花鱼鱼眼凹陷起皱。

辨伪 市场上有不良商贩将其他鱼染色后冒充黄花鱼出售，妈妈可以找一张干净的卫生纸反复擦鱼身，留下明显黄色的就是染色的杂牌鱼。

鲈鱼

手感 优质鲈鱼肉质厚实，手指压下后立刻恢复；劣质鲈鱼肉质松软，弹性差。

颜色 优质鲈鱼颜色偏青，鱼鳃鲜红；劣质鲈鱼颜色暗淡、无光泽，尾巴呈红色则说明受过伤，买回家不能久放。

鱼身 优质鲈鱼鱼身修长，看起来略肥，太瘦或者太肥的鲈鱼品质不佳。

重量 优质鲈鱼的重量在 1 斤半左右，过重或过轻的鲈鱼口感略差。

鳝鱼

手感 优质鳝鱼手感光滑，体表有丰富的黏液，且全身分布均匀，需要大力才能抓紧；劣质鳝鱼光滑度不够甚至没有，黏液不多，不需用力就能抓紧。

颜色 颜色深的鳝鱼肉质紧实，口感较好；颜色浅的鳝鱼口感不如深色鳝鱼。

这些水果不能空腹吃

香蕉	香蕉中含有丰富的镁元素，空腹吃香蕉会导致人体内的镁元素突然升高，破坏血液的镁钙平衡，对心血管活动产生抑制作用。
柿子	柿子含有大量鞣酸、单宁和果胶，空腹吃柿子会造成这些物质与胃酸发生作用形成柿石，诱发呕吐、肚子疼，甚则呕血。
圣女果	圣女果所含的大量果胶、棉胶酚、可溶性收敛剂易与胃酸发生化学反应，凝结成不溶性的块状物质，升高胃内压力，导致胃胀痛。
山楂	山楂含有大量的有机酸、果酸等酸性物质，空腹食用时会导致胃酸大量增加，强烈刺激胃黏膜，使得胃部胀满、泛酸。
橘子	橘子含有丰富的糖分和有机酸，空腹食用容易刺激胃黏膜，引起胃胀、呃酸。
西瓜	西瓜属于寒性水果，且含有丰富的水分，空腹食用不仅刺激胃黏膜，还会稀释胃酸，造成食欲下降、消化不良、腹泻。
甘蔗	甘蔗含有大量的糖分，空腹过量食用易导致“高渗性昏迷”。
杏	杏属于酸性水果，空腹食用刺激胃黏膜，引起胃肠功能紊乱。

均衡膳食有助免疫力提高

宝宝出生后的 6 个月里可以从妈妈的乳汁中获得免疫物质，不容易生病；6 ~ 18 个月的宝宝从妈妈那里获得的免疫物质逐渐耗尽；18 个月至 3 岁的宝宝自身免疫力有所发展，但仍处于免疫力不全时期。对于宝宝来说，6 个月至 3 岁属于免疫力的脆弱阶段，容易感染各种疾病，尤其是感冒、肺炎、腹泻，生病之后如果长期使用抗生素会破坏肠道的益生菌群，导致宝宝的免疫力进一步降低。

均衡、充足的营养是宝宝完善免疫能力的前提和关键。未满 1 岁的宝宝应以母乳、配方奶粉为主食，母乳喂养应至少坚持到宝宝 10 个月，母乳中所含的免疫球蛋白对于增强免疫力有着积极的作用，母乳喂养的宝宝抵御疾病的能力明显高于其他方式喂养的宝宝，同时应根据宝宝的月龄及时添加合理的辅食。宝宝 1 岁之后，妈妈应建立起一日三餐加两次点心的饮食制度，合理安排每餐的食物种类和数量，避免营养不足与过剩，此外，应坚持配方奶粉的继续供给，最好选择有助于增强免疫力的配方奶粉。

菌类食物提升免疫力

菌类食物具有低脂肪、低糖、高蛋白、多维生素和矿物质的特点，蛋白质、维生素 A、B 族维生素、维生素 C、钙、铁、锌等营养物质含量丰富，同时消化吸收率高，是人体获得必需营养物质的重要食物来源。菌类食物的保健价值近年来受到前所未有的重视，对于宝宝来说，适量吃些菌类食物对于免疫系统的发育极有好处。以常见的香菇为例，其所含的一种高分子量多聚糖能够提高人体的免疫力，其所含的抗氧化剂高出其他食物很多倍。适合宝宝食用的菌类食物主要有香菇、金针菇、银耳、木耳。

新手妈咪喂养误区

餐桌椅可有可无

很多妈妈觉得为了学习吃饭买把椅子太浪费，实际上给宝宝购买一把专门的餐桌椅十分必要。餐桌椅能够提高宝宝吃饭的兴趣，培养良好的饮食习惯。坐在椅子上和妈妈一起进餐时宝宝会很快乐，也乐于吃下碗里的食物，宝宝习惯餐桌椅后会养成定点吃饭的好习惯，避免长大后边跑边吃、边玩边吃。同时，宝宝坐在餐桌椅里方便妈妈吃饭，不必担心吃饭时没人照顾宝宝。

给宝宝买餐桌椅，妈妈应选择大品牌的原木产品，留心设计是否科学，尽量选择多功能的产品，可以拆开给宝宝当桌子、椅子用。

用水果代替蔬菜

水果大多很甜，这种甜味来自水果富含的葡萄糖、果糖和蔗糖一类的单糖和双糖，长期用水果代替蔬菜会导致宝宝摄入过量糖分，埋下肥胖的隐患，影响宝宝的身体发育和智力发展。

水果和蔬菜都是人体所需维生素、矿物质、膳食纤维的优质来源，但两者的营养价值并不相同。一般来讲，大部分蔬菜比水果含有更多的营养物质，比如，除了猕猴桃、草莓、鲜枣、山楂等富含维生素C的水果，其他水果所含的维生素C远低于白菜、西蓝花等一般的蔬菜，蔬菜所含的矿物质也高于水果。长期只吃水果不吃蔬菜还会导致便秘，这是因为蔬菜比水果含有更多的膳食纤维，维护肠道健康的作用更强。

当然，水果有自己独特的生理功能，蔬菜也不能代替水果。想要宝宝健康，营养均衡是最关键的因素。

幸福妈妈厨房宝典

三色鸡丁

原料：嫩玉米粒 50 克，鸡肉 50 克，红柿子椒 25 克，芹菜 25 克

调料：植物油、水淀粉、盐适量

工具：炒锅

烹调时间：20 分钟

制作方法：

1. 红柿子椒洗净、去蒂、去籽、切成丁，芹菜洗净切丁，嫩玉米粒洗净备用；
2. 鸡肉洗净后切成丁，加水淀粉、盐搅拌均匀；
3. 锅中加适量植物油，烧热后倒入鸡丁滑开，盛出控油；
4. 嫩玉米粒倒入锅中，翻炒几下后盛出；
5. 锅中加适量植物油，烧热后倒入红椒丁、芹菜丁翻炒几下，接着倒入鸡丁和嫩玉米粒，加适量盐一起翻炒至熟即可。

营养分析

鸡肉可益气补血、温中补脾，宝宝食用可促进生长发育。玉米、柿子椒和芹菜可以为宝宝提供多种维生素以及膳食纤维，有益于宝宝抵御疾病，维护肠道健康。

枣泥甜面卷

原料：红枣 150 克，发酵好的面团 150 克

调料：植物油、白糖适量

工具：小汤锅、蒸锅、擀面杖

烹调时间：1.5 小时

制作方法：

1. 红枣洗净、泡软，放入锅中，开中火煮 30 分钟，捞出晾凉后剥皮、去核，再次放入锅中，文火煮至汤汁收干，加适量白糖，盛出后捣成泥；
2. 将发好的面团放在案板上，揉好，用擀面杖擀成薄面皮，表层涂满枣泥，卷成圆柱形，切成小段，放入锅中蒸熟即可。

营养分析

红枣含有丰富的钙、铁，宝宝食用可提高免疫力，预防缺铁性贫血，同时有助于骨骼发育，清甜的枣香还能提高宝宝的食欲。

黄鱼羹

原料：黄花鱼 50 克，火腿 50 克，冬笋嫩尖 30 克，鸡蛋黄 1 个，葱花、姜末适量
调料：植物油、水淀粉、料酒、盐适量
工具：炒锅
烹调时间：25 分钟
制作方法：
1. 黄花鱼洗净、切成末，冬笋洗净切丁，火腿洗净切丁，鸡蛋黄打散备用；
2. 锅中加适量植物油，下姜末炝锅，放入黄鱼末翻炒几下；
3. 锅中倒入适量清水，放入冬笋丁、火腿丁，加料酒调味，煮沸。

营养分析

黄花鱼具有健脾开胃、安神益气的功效，尤其适合贫血、吃饭不香、体质虚弱的宝宝食用。蛋黄中有大量的磷和铁，鸡蛋中所有的卵磷脂均来自蛋黄，经常食用蛋黄对宝宝的大脑发育有益处。

虾蓉肉包

原料：虾仁 100 克，猪肉 100 克，发酵好的面团 250 克，葱姜末适量
调料：植物油、盐适量
工具：炒锅、电饭锅
烹调时间：40 分钟
制作方法：
1. 猪肉洗净剁成末，虾仁洗净剁碎备用；
2. 将猪肉末、虾仁碎、葱姜末放入碗中，加适量植物油、盐以及少许清水，搅拌成馅料；
3. 面团揉好后擀成包子皮，包入馅，放入锅中蒸熟即可。

营养分析

虾仁中优质蛋白含量多，钾、碘、镁、磷等矿物质同样丰富，肉质细腻松软，便于宝宝消化。这款辅食含有丰富的蛋白质和矿物质，能够促进宝宝健康成长。

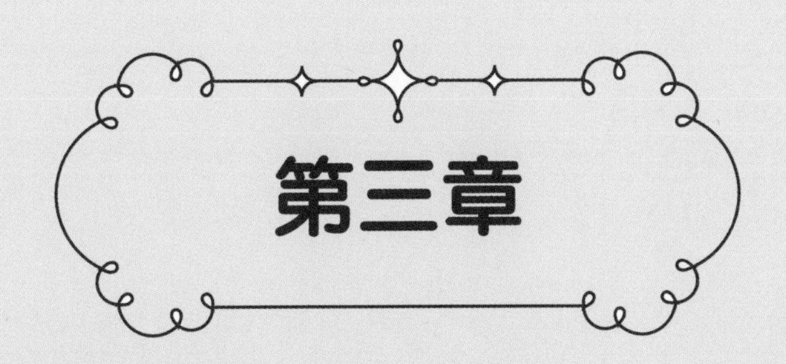

第三章

告别母乳，吃大人饭 /1 ~ 2 岁

1 岁 1~3 个月

生长发育特征

身体发育指标

指标 \ 性别	男宝宝			女宝宝		
	最小值	均 值	最大值	最小值	均 值	最大值
体重（千克）	8.7	10.9	13.2	8.0	10.2	12.4
身长（厘米）	73.7	79.4	85.1	71.6	77.8	83.7
头围（厘米）	44.2	46.8	49.4	43.2	45.8	48.4
胸围（厘米）	43.1	47.1	51.1	42.1	45.9	49.7

智能发展特点

宝宝可以独自站立、走稳，弯腰捡东西后能再站直，摔倒后能自己爬起来。模仿能力进一步增强，吃饭时喜欢自己动手，能够用手指捏起物品，拇指和食指、中指配合良好。宝宝会喊爸爸、妈妈了，50% 的宝宝能够使用 10 ~ 20 个词语，有些宝宝还能说一两句妈妈能听懂的话，也能叫出家里的亲人。

营养均衡的表现

营养均衡的宝宝	营养失衡的宝宝
生长发育速度再次减缓，属于正常的生理现象；宝宝满 1 岁 3 个月时，体重会比周岁时增长约 0.7 千克，身长增长 3 厘米左右，头围和胸围也有一定的增长，分别为 0.5~0.6 厘米、0.8~0.9 厘米；喝奶、吃饭都很好，睡眠好；爱玩爱笑。	营养不良的宝宝不快乐，精神状态不佳，面色发黄；如果宝宝仍未萌出乳牙，或者出牙顺序颠倒，要及时就医。

本期喂养细节

良好饮食习惯早养成

对于 1 岁多的小人儿来说，母乳或者配方奶已经不是主要的食物，宝宝的饮食正在向着一日三餐过渡，这个时候正是养成良好饮食习惯的最佳时机。

相对固定的吃饭时间和地点是避免日后追着宝宝喂饭的法宝，妈妈可以给宝宝专门准备合适的小桌子、小椅子，让宝宝和妈妈一起吃饭，让宝宝充分感受吃饭的乐趣。

吃饭前拿走所有能够转移宝宝注意力的玩具、卡通书，电视提前关掉，没了这些外界诱惑，宝宝才会把精力集中到饭菜上来。

饭前 1 小时不要给宝宝吃零食，除非宝宝真的饿了。不要担心宝宝饿肚皮，其实宝宝是知道饥饱的，饿了、饱了都会表达。

宝宝饭量减少怎么办

到了 15 个月，有的宝宝饭量不增反降，甚至只有原来饭量的一半，这是因为经过几个月的饭菜添加，宝宝的胃肠功能疲劳，产生了类似于厌奶的厌食现象。这种现象说明宝宝的胃肠在进行自我调整，妈妈不必过于担心。

宝宝饭量减少、奶量增加，妈妈应该顺其自然，配方奶所含的营养能够满足宝宝的生长需要。过了这段厌食期，宝宝会重新喜欢上吃饭。

消除宝宝不爱吃饭的因素

宝宝不爱吃饭的原因	妈妈的对策
疾病困扰：宝宝胃肠功能差，维生素 A 或维生素 D 中毒，或者患有感冒、消化性溃疡、急慢性肝炎、慢性肠炎、腹泻、便秘、肠道寄生虫、贫血等疾病。	照顾宝宝时应留心观察，一旦发现宝宝出现食欲不佳、食量减少、舌苔变厚、有口气、面色苍白、大便不正常、精神不振等症状应及时去医院诊治，以免延误病情。
营养素缺乏：某些营养素缺乏会造成宝宝不爱吃饭，它们是锌、维生素 B_1、赖氨酸。	在排除病理因素后，应尽早带宝宝到医院做有关检查，在医生的指导下给宝宝补充所缺的营养素。
饭菜乏味：宝宝的味蕾比成年人密集，对味道和气味比成人敏感，如果家里的饭菜味道太浓或是太淡，不合口味，就会本能地拒绝食用。	努力提高自己的厨艺，每天变着花样给宝宝做出又好看又好吃的食物。
运动不足：父母工作、生活忙忙碌碌，陪宝宝玩耍的时间减少，宝宝运动不足，食物不能被很好地消化吸收，下一餐自然感觉不到饿。	无论多忙多累，妈妈都要抽出时间来陪宝宝玩耍。有条件的妈妈最好经常带宝宝出门玩耍，新鲜的环境和事物能让宝宝玩得更开心，这样的好心情也会让宝宝多吃些饭菜。

让宝宝远离水果病

荔枝病

很多妈妈读过苏东坡的名句“日啖荔枝三百颗，不辞长作岭南人”，认为荔枝是个好东西，宝宝吃荔枝也有益处。荔枝具有健脑益智的功效，能够明显改善精神疲惫、失眠、健忘、多梦症状，所含的蛋白质以及维生素 C 等营养物质则能够提高机体的抗病能力，宝宝少吃点荔枝对身体是有益的。不过，荔枝性温热，俗话说“一颗荔枝三把火”，宝宝贪吃荔枝容易出现口臭、口干、口舌生疮、流鼻血等症状。此外，荔枝含有丰富的糖分，味道甘甜，宝宝吃多了会影响正餐的进食，长期贪食荔枝还会造成营养不良。

另外，宝宝大量进食荔枝可能导致低血糖，出现口渴、心慌、头晕、乏力、脸色苍白、饥饿感强烈等症状，称为“荔枝病”。

·写给妈妈·

荔枝易引起过敏，进食后妈妈要仔细观察。宝宝吃橘子可以补充多种维生素，但每天不宜超过 3 个，宝宝空腹时不宜食用。

儿童吃荔枝，一次不宜超过 5 颗，年龄越小的宝宝越要减量。宝宝空腹的时候，妈妈不要给宝宝吃荔枝，吃荔枝的时间最好安排在饭后 1 小时左右。如果妈妈发现宝宝吃了荔枝之后出现低血糖症状，可以冲杯糖水给宝宝喝，情况严重时应立即送医治疗。

橘子病

“橘子病”的医学名称叫叶红素皮肤病，由于橘子含有丰富的胡萝卜素，宝宝大量吃橘子会导致进入体内的胡萝卜素超过生理需求，超标的胡萝卜素无法转化为维生素 A，只能积存在体内，沉积在皮肤内层的胡萝卜素会使皮肤看起来发黄，尤其是手心和脚心。有的宝宝还会因代谢障碍出现食欲下降、恶心、呕吐、烦躁、口干等症状。

如果宝宝只是皮肤变黄，没有其他症状，一般不需要专门的治疗，妈妈只需少给或者不给宝宝吃橘子，同时注意减少其他富含胡萝卜素的食物摄入量，并让宝宝多喝水，加快胡萝卜素排出体外。

谋杀智力的食物

含铅食物

宝宝的代谢能力有限，铅元素容易在体内蓄积造成铅中毒，铅中毒会严重损伤大脑和神经。爆米花、皮蛋、色彩斑斓的彩色食物中含有大量的铅元素，不适合宝宝食用。另外，罐头食品的密封盖中也含有一定数量的铅，会对罐内的食物造成铅污染。

含铝食物

油条、油饼、虾片等食物在制作过程中添加了明矾，其含铝量高，宝宝经常食用会损伤脑细胞，造成记忆力下降、反应迟钝。

油炸食物

动物性食物所含的脂肪经过高温油炸后会转化为过氧化脂质，这种物质具有使大脑早衰的作用，不利于宝宝的脑部发育。

腌渍食物

咸鱼、咸菜、榨菜、蜜饯等食物含有过量的盐与糖，长期食用会损伤心脑血管，使脑细胞缺血缺氧，出现记忆力下降、反应迟钝、注意力不集中等症状。

味精

锌元素是脑部发育必需的微量元素之一，味精则会导致人体缺锌，因此妈妈给宝宝烹调食物时最好不要加味精，可以利用天然食材（比如海带、香菇）的鲜味为菜肴增鲜。

咖啡

咖啡中含有大量的咖啡因，这种物质具有刺激大脑的作用，虽然可以醒脑提神，但也会使脑部供血减少，损伤宝宝的智力。

含糖精的零食

糖精并不是从天然食材中提取的物质，而是以苯酐为原料加工合成的一种甜味剂，只能增加食物的甜度，本身没有任何营养价值，人体摄入超标后会造成脑部、肝脏等组织和器官的损伤。家庭使用糖精增甜的现象已不多见，妈妈需要警惕的是市售的各种甜味零食，购买之前一定要认真读一读食物成分表，添加有糖精的零食就不要再买给宝宝吃。

五色饮食，宝宝健康

五色食物	滋养脏器	食疗功效	代表食物
绿色食物	肝	保护肝脏，预防眼部疾病，缓解紧张情绪，增强活力	芹菜、西蓝花、油菜、卷心菜、莴笋、芦笋、苦瓜、菠菜、青椒
白色食物	肺	提高机体免疫力，防癌抗癌，保护肺脏	土豆、萝卜、山药、花菜、白芝麻、牛奶、豆浆、百合、梨、银耳
红色食物	心	预防心血管疾病，促进脑细胞发育	畜肉、番茄、红枣、樱桃、草莓、山楂、枸杞、西瓜、红色水果椒
黄色食物	脾	预防近视、夜盲症、眼睛干涩，改善消化系统功能，预防癌症	南瓜、胡萝卜、玉米、菠萝、橘子、杧果、木瓜
黑色食物	肾	增强免疫力，稳定情绪，维护肾脏健康	乌骨鸡、紫菜、紫茄、黑米、木耳、桑葚、乌梅

反式脂肪来自哪里

氢化油

在富含不饱和脂肪的植物油中人工灌入氢气，通过氢化过程得到的油脂便是氢化油。制作西式糕点、油炸食品和洋快餐大多使用氢化油。氢化油中含有大量的反式脂肪，健康成年人的机体需要大约 50 天才能将其代谢，宝宝则需要更长的时间。购买食物，尤其是西式零食时，妈妈应仔细查看食品成分表，标有“植物奶油”“人造酥油”“雪白奶油”“起酥油”“氢化植物油”“部分氢化植物油”“氢化脂肪”等字样的食品都含有反式脂肪。

高温植物油

植物油本来并不含反式脂肪，但是经过高温加热后，所含的不饱和脂肪容易被氧化产生反式脂肪，不饱和脂肪含量越多越容易产生反式脂肪。因此，妈妈做菜时不要等到油冒烟了再开始烹调，这个时候已经有反式脂肪产生了。植物油烧热至七成为宜，不应过度加热，否则其中的营养物质也会被破坏。

另外，因为反复加热会导致反式脂肪大量产生，所以炸过食物的食用油不可反复使用。

有益生长发育的好油

食用油	生理功效	如何使用
非转基因大豆油	丰富的卵磷脂能增强脑细胞功能，促进宝宝大脑发育，所含的不饱和脂肪酸则能够保持血液循环畅通。	低温烹调，或者用于200℃以下的烹调。
花生油	锌元素含量是所有食用油中的冠军，能够促进宝宝的生长发育，所含的卵磷脂和胆碱则有利于宝宝的脑部发育。	用于200℃以下的烹调。
芝麻油	特有的香气可以促进宝宝的食欲，尤其适合食欲不振的宝宝；便秘的宝宝食用可起到润肠通便的作用。	拌食凉菜或直接淋入饭菜中。
橄榄油	是最适合人体的食用油，生产过程中营养成分保存完好，有利于人体补充营养物质，保护毛细血管。	低温烹调。
核桃油	所含的磷脂具有维持神经系统正常运转的作用，有益于宝宝的脑部发育；宝宝食用核桃油还能增强免疫力，改善消化系统功能。	低温烹调或直接淋入饭菜中。

宝宝不宜多吃的食用油

食用油	对健康的危害
动物油脂	猪油、牛油、黄油、奶油都属于动物油脂，它们的共同特点是含有大量的能量和饱和脂肪酸，宝宝经常食用这类食用油会造成体内脂肪堆积，影响血液循环，长大后易患上三高疾病。
转基因油	采用转基因大豆、油菜籽、玉米加工生产的食用油对健康有害，不适合宝宝食用。
植物奶油	又被称为氢化油，所含的反式脂肪酸会升高体内胆固醇的含量，对宝宝的生长发育，尤其是智力发展危害极大。

新手妈咪喂养误区

宝宝还小，吃饭东张西望不要紧

注意力是智力的五大基本组成要素之一，是心灵的门户，吃饭时注意力不集中，长大后可能出现一系列负面效应，比如学习时三心二意，上课集中不了精神，做事拖沓，因此饭桌上的注意力教育应从小抓起。

家长应拿走吸引宝宝的玩具，关掉电视机，把饭菜做得造型可爱一些，吃饭时不家长里短地聊天，不在餐桌上对宝宝进行训斥……总而言之，将干扰宝宝专心吃饭的一切外界因素都排除掉，才能避免宝宝东张西望。

跟别人的宝宝攀比饭量

饭量并没有一个固定的标准，同样年龄、性别、职业的两个人拥有相同饭量的概率很小。随着宝宝一天天长大，个体差异也越来越明显，吃多吃少因人而异，每顿饭吃多少最好由宝宝自己来决定。宝宝不会让自己饿着，妈妈的威逼利诱只会让他们越来越讨厌吃饭，认为吃饭是一种负担，是不愉快的事情，甚者还会偏食厌食。

宝宝不爱蔬菜就可以不吃

营养的本质在于均衡，均衡营养少不了蔬菜，蔬菜并不是贫苦生活的象征，它们同样是身体健康不可缺少的食物。

矿物质的主要来源

蔬菜是人体所需矿物质的主要来源，钙、碘、磷、铁等都可以通过蔬菜供给，比如胡萝卜、芹菜、菠菜含有大量的铁元素，海带、紫菜等海藻类蔬菜含有丰富的碘元素，油菜含钙丰富，根茎类蔬菜中的矿物质含量也很丰富。

富含多种维生素

蔬菜含有人体必需的各种维生素，红黄色蔬菜中含有丰富的维生素 A 原（胡萝卜素），绿色蔬菜中含有大量的维生素 C，香椿、马铃薯等含有丰富的维生素 B_1，芥菜、蘑菇、芦笋等蔬菜含有丰富的维生素 B_2，维生素 E、叶酸、烟酸等也广泛地存在于各种蔬菜中。

富含膳食纤维

蔬菜富含的膳食纤维是维持人体健康必不可少的一类营养素，能够促进消化，防止便秘发生，减少蛀牙，锻炼咀嚼，还可以增强免疫力，有利于宝宝身体各方面的发育。

情绪稳定剂

菠菜、山药、葱等蔬菜中含有丰富的钾元素，可以维持人体内酸碱平衡，调节神经、肌肉的兴奋性，有利于稳定宝宝的情绪。咀嚼蔬菜可以缓解紧张和焦虑情绪，经常吃蔬菜的宝宝咀嚼能力强，情绪也较不喜欢吃蔬菜的宝宝稳定。

幸福妈妈厨房宝典

❶ 蒸水蛋 / 花样早餐

原料：鸡蛋 2 个，番茄半个，葱花适量

调料：植物油、盐适量

工具：蒸锅

烹调时间：15 分钟

制作方法：

1. 鸡蛋打入盘中，加适量温开水和盐搅成蛋液，淋入植物油备用；
2. 番茄洗净，切成半月形的薄片备用；
3. 锅中加适量清水，煮沸后放入蛋液，蒸至蛋液定形；
4. 将番茄片放在蛋羹上，继续蒸熟，出锅后撒上葱花即可。

营养分析

鸡蛋能够为宝宝提供丰富的优质蛋白、卵磷脂以及铁元素，有助于促进宝宝的身体发育和智力发育。番茄则能提高宝宝的抗病能力和食欲。这款菜尤其适合营养不良、胃口不佳的宝宝食用。

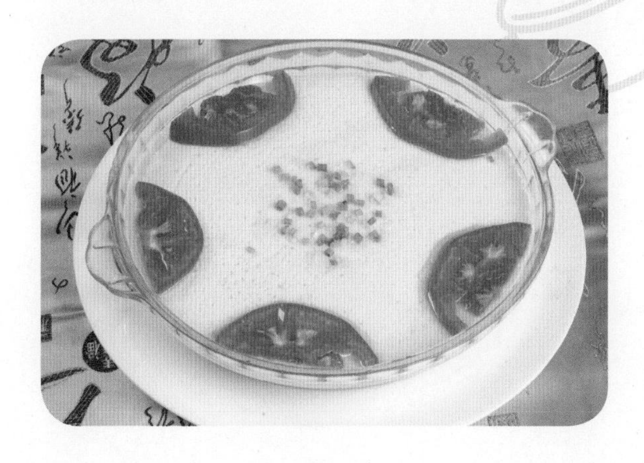

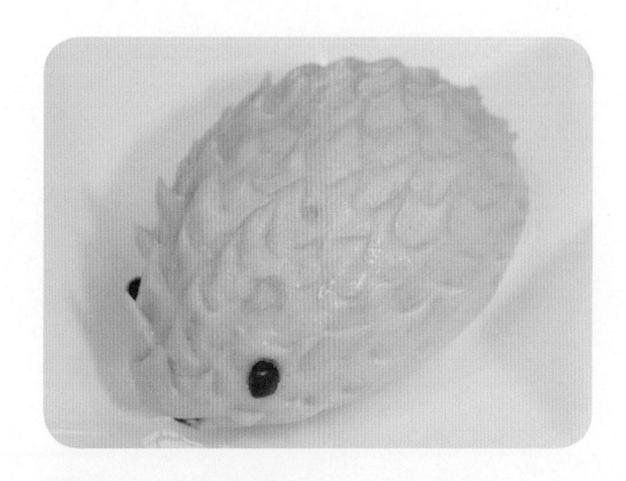

❷ 豆沙刺猬包 / 花样早餐

原料：发酵好的面团 200 克，红豆沙 100 克，红豆数颗

工具：蒸锅、擀面杖

烹调时间：50 分钟

制作方法：

1. 发酵好的面团放在案板上，揉好，制成 10 个剂子，擀成包子皮，包入红豆沙，然后用手将包子整理成一端椭圆一端尖的形状；
2. 用剪刀将包子上面的皮轻轻剪成刺，将红豆按入尖的那一端的两边，刺猬的眼睛就做好了，在眼睛的前下方剪出嘴巴，塞上红豆做舌头；
3. 将做好的刺猬生坯放入锅中，松弛 20 分钟，开火蒸熟即可。

营养分析

豆沙包是很家常的早餐，换个造型就会让宝宝爱不释手。豆类食物是很好的蛋白质来源，红豆同样能为宝宝提供身体发育所需的多种营养物质，较多的膳食纤维还有润肠通便的作用。

③ 清炖狮子头 / 营养午餐

原料：五花肉 300 克，荸荠 100 克，鸡蛋 1 个，油菜心 100 克

调料：料酒、盐、淀粉适量

工具：小汤锅

烹调时间：35 分钟

制作方法：

1. 五花肉洗净切粗粒，荸荠洗净、去皮、切丁；
2. 将肉粒、荸荠丁放入碗中，打入鸡蛋，加适量料酒、盐调味，沿同一方向搅拌均匀，用手团成圆球；
3. 锅中加适量清水，煮沸后放入狮子头和油菜心，一起煮沸，加少许盐调味即可。

营养分析

荸荠中磷元素含量较高，宝宝食用能促进牙齿和骨骼的发育。这款菜可以为宝宝提供优质蛋白质、脂肪、铁、钙、磷以及多种维生素。

④ 番茄虾饺 / 营养午餐

原料：番茄 200 克，虾仁 100 克，葱花适量，饺子皮 10 个

调料：淀粉、植物油、盐适量

工具：炒锅、蒸锅

烹调时间：30 分钟

制作方法：

1. 虾仁洗净，切成丁，加适量淀粉和盐搅拌均匀，腌制片刻；
2. 番茄洗净后放入开水中烫一下，捞出剥皮，挖去籽，切成丁；
3. 锅中加适量植物油，烧热后倒入腌好的虾仁滑开，盛出备用；
4. 番茄丁和滑好的虾丁倒入大碗中，加适量盐调味，搅拌成饺子馅；
5. 把饺子馅包入饺子皮里，捏成饺子，放入锅中蒸熟即可。

营养分析

番茄具有健胃消食、生津止渴、润肠通便的功效，虾仁含有丰富的营养，肉质细腻易消化。这款水饺荤素结合，做午餐能够满足宝宝的多种营养需求。

5 紫薯塔 / 美味晚餐

原料：中等大小紫薯 2 个，南瓜 200 克，白糖适量

工具：蒸锅、裱花嘴、圆形模具

烹调时间：30 分钟

制作方法：

1. 紫薯洗净后去皮切块，南瓜洗净后去皮、切块备用；
2. 将紫薯块、南瓜块放入锅中，隔水蒸熟，取出后分别加适量白糖，捣成泥；
3. 南瓜泥放入圆形模具中制成薄饼，摆盘；
4. 将紫薯泥放入裱花嘴，分别挤在南瓜饼上形成塔形即可。

营养分析

紫薯色彩艳丽、香甜可口、营养丰富，妈妈花些心思就能做出宝宝爱吃又营养的美食。南瓜所含的胡萝卜素能提升免疫力，有助于宝宝的生长发育。

6 绿波漾鸡丸 / 美味晚餐

原料：鸡脯肉 125 克，菠菜 50 克，鸡蛋清 25 克

调料：植物油、淀粉、盐适量

工具：小汤锅

烹调时间：20 分钟

制作方法：

1. 鸡脯肉洗净后剁成末，加鸡蛋清、淀粉、盐和少许植物油一起搅拌均匀，搓成丸子备用；
2. 菠菜洗净后切成粗丝；
3. 锅中加适量清水，放入鸡肉丸，武火煮至九成熟后放入菠菜丝，继续煮沸，加适量盐调味即可。

营养分析

菠菜中含有大量的维生素C，有助于增强机体免疫能力，促进铁元素的吸收。鸡肉能够为宝宝提供优质蛋白质、脂肪、钙、磷、铁等营养素，尤其适合体质虚弱的宝宝食用。

1岁4~6个月

生长发育特征

身体发育指标

指标＼性别	男宝宝			女宝宝		
	最小值	均　值	最大值	最小值	均　值	最大值
体重（千克）	9.1	11.5	13.9	8.5	10.8	13.1
身长（厘米）	76.3	82.4	88.5	74.8	80.9	87.1
头围（厘米）	44.8	47.4	50.0	43.8	46.2	48.6
胸围（厘米）	43.8	47.8	51.8	42.7	46.7	50.7

智能发展特点

宝宝开始喜欢爬楼梯，学习跑步并能停下来，走路、追逐等大运动是这时期宝宝最感兴趣的活动。宝宝喜欢和别的小朋友一起玩，自我意识变强，能自己摘帽、脱鞋袜，但还不会解鞋带和系鞋带，可以自己拿着杯子喝水、拿勺吃饭，开始试着自己洗手、洗脸。宝宝基本上掌握了50 ~ 100个词语，有些宝宝可以说出简单的句子，回答简单的问题，背一两句儿歌。

营养均衡的表现

营养均衡的宝宝	营养失衡的宝宝
与前 3 个月相比，体重增加 0.6 千克，身长增长 3 厘米，胸围的增长速度超过头围，每个月平均增长 0.2~0.3 厘米；头围增长缓慢，每个月平均增长不到 0.2 厘米；喜欢说话，经常开怀大笑。	营养不良的宝宝睡眠不好，食欲不振；晨起后、未进食前出汗，提示宝宝很可能患有低血糖。

本期喂养细节

秋季如何调养宝宝脾胃

被酷暑折腾了几个月的宝宝由于大量出汗，消耗了过多的能量，加之夏季里宝宝又吃了过多寒凉食物，伤了脾胃，很容易出现食欲不振、腹胀、大便干燥等症状。营养的吸收依靠脾胃功能的健全，妈妈应该好好利用气候怡人的秋季为宝宝调养脾胃。

首先，宝宝的食物要注意保温，不要给宝宝吃太凉的食物，以免引发腹泻。其次，少吃辛热食物，比如葱、姜、蒜、辣椒、花椒；多吃润燥食物，比如苹果、梨、葡萄、萝卜、藕、芝麻、荸荠等，食物应做得清淡、易消化。此外，宝宝还应多吃些含有丰富维生素和微量元素的食物，比如蛋黄、动物肝脏、红薯、番茄。胡萝卜和肉类一起烹调可以有效预防宝宝上呼吸道感染。

让宝宝适量吃点硬食

硬食的好处

稍硬的固体食物能够帮助宝宝增强咀嚼能力，集中精力品尝食物的滋味，按摩牙床，促进咀嚼肌、牙弓与颌骨的发育，为学习发音和说话打下基础。此外，面部表情肌的发育和大脑智力发育也离不开充分的咀嚼。

如何吃硬食

1 岁半左右宝宝的饮食仍以细软为主，妈妈可以适量增加稍硬一点的食物给宝宝食用，比如烤馒头片、面包干。

· 写给妈妈 ·

硬食不是越硬越好，宝宝咬不动、嚼不碎的食物不能给宝宝进食，比如花生、松子、榛子、蚕豆等；给宝宝吃这类食物仍然需要事先磨成浆，或者捣碎。

留住营养的烹调方法

食物种类	正确烹调法	错误烹调法
谷物	蒸、煮、烙	油炸面食、捞饭等。多次淘米、用力搓洗会损失水溶性维生素和矿物质，煮粥时加碱会破坏维生素 B_1 和维生素 C。
肉类	炖、煮、蒸、炒，煮骨头汤时加点醋	油炸，放盐早（使得肉质老、硬、粗糙）。
蔬菜	先洗后切，勾芡，加醋，急火快炒	先切后洗，做馅前挤出菜汁，长时间浸泡，炒菜时加大量水。

适合宝宝的饼干

❶ 粗粮饼干

粗粮饼干由于添加了一定量的粗粮，因此含有更多的维生素、矿物质、膳食纤维。

❷ 味淡的饼干

过甜、过咸的饼干对于宝宝的味觉发育都不利，咸味过重的饼干会加重宝宝的肾脏负担，为今后埋下三高隐患；过甜的饼干会影响宝宝的食欲，诱发儿童肥胖。

❸ 植物油饼干

妈妈选购饼干时应该仔细查看食品成分表，使用植物油制作的饼干相对健康些，最好不要选择猪油、牛油制成的饼干。使用植物奶油、起酥油、氢化植物油制作的饼干不能给宝宝食用，这类食用油中含有大量反式脂肪酸，对健康极其有害。

· 写给妈妈 ·

过于酥脆的饼干是使用了膨松剂的效果，膨松剂中含有明矾，经常食用会造成铝沉积体内，损害智力。

如何烹调出好吃的鱼

怎样去鱼腥味

鱼类大多有难以掩盖的腥气，宝宝对气味异常敏感，闻到令自己不舒服的气味，就会对妈妈做的鱼避之不及。想要宝宝乖乖爱上吃鱼，妈妈需要学会去除鱼腥的方法。

烹调鱼时加点白酒、啤酒或者葡萄酒可以去除鱼腥，但宝宝太小，即使少量的酒精也会损伤宝宝的大脑，因此妈妈不能选择酒类去除鱼腥。

用姜去鱼腥是比较安全、便捷的方法，不过要选对时机，若太早放姜，鱼肉中的蛋白质会降低姜的去腥效果。正确的做法是先将鱼烹调一会儿，待鱼肉中的蛋白质凝固之后再放姜，去腥作用就会大增。

温茶水也是去除鱼腥的好帮手，取一杯浓茶兑成温热的淡茶水，将处理干净的鱼放入浸泡 5 分钟以上即可达到去腥的效果。家中没有茶叶，妈妈可以用牛奶代替茶水，将鱼放入牛奶中浸泡 10 分钟，不仅能去腥，还能增鲜。

宰杀后残留在鱼身内的血迹也是鱼腥的一大来源，妈妈需要彻底清洗。尤其是鱼肚里紧靠鱼骨的地方，这些地方凹凸不平，不易清洗。

怎样去土腥味

很多淡水鱼不仅鱼腥味浓，还会散发出特有的土腥味，妈妈如果只去鱼腥，不去土腥，仍然会影响菜肴的鲜美。

如果买回的是鲜活的淡水鱼，妈妈可以准备 2500 毫升清水以及 25 克食盐，待盐充分溶解于清水后放入活鱼，1 小时后土腥味就能去除干净。如果购买的是死鱼，妈妈需要将其浸入盐水中泡 2 小时。妈妈也可以先将淡水鱼处理干净，放入清水中，再滴几滴醋，依照常法烧制即可去除土腥味。

各种鱼的烹调窍门

鲤鱼	鲤鱼脊背两侧各有 1 条白筋，烹调时需要在靠近鳃的地方各划一个小口，用手或者镊子轻轻将其拉出，这样处理后烹调出来的鲤鱼就没有鱼腥味了。
鲈鱼	鲈鱼的肉呈蒜瓣状，适合清蒸、煮汤，或者红烧；将鲈鱼杀死后最好加上倒吊放血的步骤，这样利于残血流出，保证肉质洁白。
黄花鱼	黄花鱼适合清蒸、侉炖，广受欢迎的炸小黄花鱼不适合宝宝食用。
三文鱼	宝宝不适合生吃三文鱼，做熟后食用最安全；三文鱼的营养物质在高温下易被破坏，烹调时宜选择蒸、煮的烹调法，搭配蔬菜或者水果后营养更加丰富，口味更佳。

鱼丸、鱼松怎么做

鱼丸

比起嚼着费劲的肉食，大多数宝宝都喜欢吃鲜美可口的丸子。将鱼肉做成鱼丸，不喜欢吃鱼的宝宝也能吃上几个，有益于宝宝补充营养物质，促进智力发育，改善偏食。

想做出好吃的鱼丸，首先选料要精，新鲜的青鱼、鳗鱼、黄花鱼、草鱼都适合做鱼丸。妈妈可以根据宝宝的口味和居住地的实际条件选择，新鲜应作为选料的首要标准。

鱼丸做法多样，这里介绍一种家常做法：将鱼肉剔去骨刺，放入碎肉机中搅打成鱼茸（家中没有碎肉机的妈妈可以先用擀面杖将鱼肉打散，再用不锈钢勺子顺着鱼刺刮下鱼茸）；将适量葱

姜汁、盐和清水放入鱼茸中，沿着同一方向搅至有黏性；蛋清搅打成泡沫状，放入鱼茸中，加适量熟猪油、水淀粉，沿着同一方向再次搅匀，鱼丸的半成品便做好了。

煮鱼丸需要冷水入锅，用手将搅匀的鱼茸分成大小均等的小份挤入锅中，武火煮沸后改文火继续煮 3 分钟，撇去浮沫，捞出。

煮好的鱼丸可以煮汤、红烧，搭配应季的蔬菜一起烹调更有利于营养物质的消化与吸收，比如高汤鱼丸、青菜鱼丸汤。

鱼松

鱼松含有丰富的优质蛋白质、多不饱和脂肪酸、B 族维生素、钙、磷、铁等营养素；没有鱼刺，脂肪含量低，更容易被人体消化吸收，是适合宝宝食用的健康食品。

取一条中等大小的新鲜海水鱼或者淡水鱼处理干净，斩去头、尾，加适量葱片、姜片、料酒和盐，放入锅中隔水蒸熟；将蒸熟的鱼肉取出，剔去骨刺和鱼皮，挤出水分；锅中加适量芝麻油，烧热后倒入葱姜末、白糖、酱油，迅速翻炒成调味汁；锅中加适量植物油，文火烧热后倒入鱼肉，翻炒至鱼肉失去大部分水分、纤维蓬松，倒入炒好的调味汁，继续翻炒至无汁，一道美味的鱼松就做好了。

· 写给妈妈 ·

鱼松不能无节制地给宝宝食用，这是因为鱼松中含有较多的氟元素，长期大量吃鱼松容易导致宝宝体内氟元素超标，造成氟斑牙或氟骨症。

宝宝吃水果的最佳时间

水果可以为人体提供必需的碳水化合物、维生素、矿物质、膳食纤维以及水分，但是吃的时间不同，获取营养物质的数量也不同，对健康所起的作用也会发生变化。

新鲜的水果最适合上午食用，这是因为宝宝经过一夜的睡眠之后，消化系统还没有完全“苏醒”过来，胃肠功能尚在激活的过程中，消化食物的能力不强，但是经过长时间的睡眠之后，人体需要补充大量的营养素和水分。水果具有易消化的特点，这时候给宝宝吃水果，既可以补充生长发育和生理活动所需要的营养物质，又能够促进胃肠的消化功能，有益于其他食物的消化和吸收。很多妈妈给宝宝准备的早餐中主食、蛋奶、肉类一样不少，单单缺了水果和蔬菜，上午给宝宝吃水果恰恰可以弥补配餐的不合理之处。

成年人饭后吃水果有助于消化吸收，但宝宝胃容量有限，并不适合饭后吃水果，以免加重胃肠负担，妈妈可以安排宝宝早餐后 2 小时适量吃些水果。

下午也可以适量给宝宝吃些水果，但不要安排在餐前，避免水果产生的饱腹感减少了正餐的进食量，影响宝宝摄取其他营养物质。妈妈可以把水果安排在宝宝午睡醒来之后，这时候宝宝有轻微的饥饿感，吃点水果能够补充营养且满足食欲。原则上来说，晚上尤其是睡前不适合给宝宝吃水果，如果非吃不可，妈妈必须选择粗纤维少、糖分含量低的水果，以免造成龋齿和消化不良。

利用天然食物为菜肴增鲜

随着宝宝一天天长大，宝宝的消化系统逐步发育完善，但是对于很多调味料依然比较敏感，比如辣椒、花椒、胡椒、咖喱，妈妈做菜时使用这类调味料会对宝宝的肠胃产生较大的刺激，诱发胃肠不适。

调味料是菜肴能否好吃的关键，少了调味料，很多菜肴变得无滋无味，宝宝不喜欢吃，有没有美味和营养兼顾的方法呢？建议妈妈在烹调菜肴时选择一些具有天然鲜味的食材和其他食材搭配烹调，借助天然鲜味让菜肴变得味道可口。

香菇味道鲜美，香气浓郁，散发的香味主要来自香菇酸分解生成的香菇精，可以作为天然的调味品使用。妈妈烹调肉类、蔬菜类菜肴时搭配上香菇可以使肉类更鲜香，蔬菜更清香。香菇炖鸡、香菇炒肉、香菇菜心都是宝宝喜欢的菜式，不放味精仍然鲜美异常。

味精主要用于增加食物的鲜味，最早的味精由日本化学家从海带中提取而得。如果宝宝喜欢吃加了味精的菜肴，妈妈不妨选择海带做菜，利用海带中天然含有的谷氨酸来增加菜肴的鲜味。

每 100 克干紫菜中含有谷氨酸 3.2 克，煮汤、煮面条时适量加些紫菜可以大大增加鲜味。此外，天然鲜味较浓的食材还有番茄、奶酪、大豆酱、鱼以及各种肉类，妈妈可以根据不同的菜肴适当选择。

新手妈咪喂养误区

宝宝渴了再喝水

水是人体最重要的组成成分之一，1 岁多的宝宝体内水分占其总重量的 65% 以上，对水的需求量高于成人。包括饮食中的水分在内，宝宝全天需要水约 1000 毫升。妈妈不要等到宝宝渴了再给宝宝喝水，因为这时候身体的细胞已经开始脱水了。

最适合宝宝喝的水是白开水，蔬菜水、果水、鲜榨果汁、菜汤也可以帮助宝宝补充水分。建议妈妈每天给宝宝喝白开水 4 ~ 5 次，每次 100 毫升，同时根据季节、气温、出汗量灵活调整饮水量。一次性大量饮水会加重胃肠负担，降低胃酸的杀菌作用，影响食物的消化吸收，因此宝宝不宜暴饮。

早餐奶代替早餐

早餐奶由牛奶、谷物、蔬菜粉、水果粉、白糖、香精、食品乳化剂等原料加工而成，蛋白质、脂肪含量都低于同样重量的牛奶，其他营养物质含量不多。宝宝喝早餐奶只能获得很少部分的营养物质，长期用早餐奶代替早餐，宝宝容易出现营养不良症状；同时，早餐奶所含的食品添加剂对宝宝的健康也会造成不利影响。建议妈妈不要给宝宝喝早餐奶，偶尔喝，也需要搭配其他食物，比如包子、馒头、面包等主食，以及蔬菜或水果。

幸福妈妈厨房宝典

❶ 香煎鱼饼 / 花样早餐

原料：草鱼 500 克，淀粉 50 克，葱姜末适量
调料：植物油、料酒、盐适量
工具：蒸锅、平底锅
烹调时间：45 分钟
制作方法：
1. 草鱼洗净，用刀刮下鱼肉，剁成鱼泥，放入淀粉、葱姜末，加适量料酒和盐，沿着同一方向搅拌均匀；
2. 将鱼泥分成均等大小，用手压成圆饼，放入锅中蒸熟；
3. 锅中加适量植物油，烧热后放入蒸熟的鱼饼，两面翻动，煎至金黄即可。

营养分析

鱼肉中含有大量的优质蛋白质、不饱和脂肪酸、钙、铁、磷等营养物质，宝宝经常吃鱼能够促进骨骼和牙齿发育，还能起到健脑益智的作用。做成鱼饼食用，还可以减少宝宝被刺卡住的风险，提高鱼肉的消化吸收率。

❷ 南瓜蒸蛋 / 花样早餐

原料：小南瓜 1 个，鸡蛋 2 个
调料：植物油、盐适量
工具：蒸锅
烹调时间：20 分钟
制作方法：
1. 小南瓜洗净，用刀从蒂部下 3 厘米横向切下，取出南瓜瓤和籽，制成南瓜盅备用；
2. 鸡蛋打散，加适量盐调味，倒入南瓜盅中，淋入植物油，备用；
3. 锅中加适量清水，煮沸后放入南瓜盅，蒸熟即可。

营养分析

鸡蛋可以为宝宝提供丰富的优质蛋白质、卵磷脂、钙、铁、磷，以及多种维生素，有益于宝宝的身体发育和智力发育。宝宝经常吃点南瓜，不仅有助于生长发育，还能维护胃肠健康，远离便秘。

3 鸡汤芋头 / 营养午餐

原料：鲜鸡汤 2 碗，芋头 250 克，红色柿子椒 50 克

调料：盐适量

工具：小汤锅

烹调时间：20 分钟

制作方法：

1. 芋头去皮洗净，切成小块，红色彩椒洗净去籽，切成丝备用；
2. 将鸡汤倒入锅中，放入芋丸，武火煮沸后改文火，放入红椒丝继续煮熟即可。

营养分析

芋头富含蛋白质、胡萝卜素、烟酸、维生素C、B族维生素、钙、磷、铁、钾、镁等营养物质，较高的氟含量能够帮助宝宝洁齿防龋，所含的黏液蛋白能提高免疫力，有助于宝宝预防疾病。

4 鸡蛋蒸豆腐 / 营养午餐

原料：豆腐50克，鸡蛋1个，小白菜叶10克，骨头汤适量

调料：盐少许

工具：蒸锅

烹调时间：15 分钟

制作方法：

1. 鸡蛋制成蛋液，加入适量骨头汤和盐，搅拌均匀；
2. 豆腐切成小块，小白菜叶切成碎末；
3. 豆腐块、小白菜叶末和蛋液一起搅匀，入锅蒸 10 分钟即可。

营养分析

豆腐富含优质蛋白质和钙，有助于宝宝的骨骼发育。鸡蛋是宝宝优质蛋白质的好来源。小白菜叶含有丰富的维生素和矿物质，也含有较多水分和膳食纤维。这款菜能够促进宝宝的生长发育。

5 核桃芝麻粥 / 美味晚餐

原料：核桃仁 25 克，黑芝麻 5 克，粳米 100 克

工具：炒锅、小汤锅或电饭锅

烹调时间：35 分钟

制作方法：

1. 核桃洗净、泡软，剥去外皮、碾碎，黑芝麻洗净，晾干备用；
2. 黑芝麻放入锅中，开文火炒熟，研碎备用；
3. 锅中加适量清水，倒入洗净的粳米，武火煮沸；
4. 核桃碎放入锅中，改文火熬煮成粥，撒入黑芝麻碎即可。

营养分析

核桃和黑芝麻都是健脑益智的优质食材，宝宝食用有利于大脑发育，头发发黄的宝宝多吃些黑芝麻还能长出一头乌黑的头发。

6 香菇肉末面 / 美味晚餐

原料：香菇50克，猪瘦肉50克，面条100克，葱花适量

调料：植物油、盐、酱油适量

工具：炒锅、小汤锅

烹调时间：30 分钟

制作方法：

1. 香菇洗净切丁，猪瘦肉洗净，剁成肉末；
2. 锅中加适量植物油，烧热后下一半葱花炝锅，倒入肉末翻炒；
3. 将香菇丁倒入锅中，加适量酱油和清水，煮至肉烂汤浓，加适量盐调味，盛出备用；
4. 锅中加适量清水，煮沸后放入面条，煮熟，捞在碗里，浇上香菇肉末，撒上另一半葱花即可。

营养分析

香菇含有丰富而全面的营养，宝宝食用有助于提高免疫力；猪肉可以为宝宝的生长发育提供蛋白质、脂肪、多种维生素以及矿物质。

1 岁 7~9 个月

生长发育特征

身体发育指标

指标 \ 性别	男宝宝			女宝宝		
	最小值	均　值	最大值	最小值	均　值	最大值
体重（千克）	9.5	12.0	14.6	9.0	11.4	13.8
身长（厘米）	78.7	85.1	91.6	77.4	83.8	90.2
头围（厘米）	45.2	47.8	50.4	44.3	46.7	49.1
胸围（厘米）	44.4	48.4	52.4	43.3	47.3	51.3

智能发展特点

宝宝走路和跑步已经很熟练，可以跳、蹲，单独上下楼梯，会踢球、扔球。宝宝能够自己吃饭、喝水、开门， 喜欢用笔在纸上涂鸦。面对夸奖，宝宝会表现出愉悦，遇到困难，喜欢不依赖父母自己解决。宝宝虽然不能理解意义，但是可以背诵简单的儿歌，能够用简单的语言和大人交流。宝宝可以分清自己的左右手，区分物品的大小和不同。

营养均衡的表现

营养均衡的宝宝	营养失衡的宝宝
身长平均每个月增长约0.9厘米，体重平均每个月增长0.2千克左右；更加爱说爱笑；吃得香，睡得好，精神好。	嗜糖宝宝容易出现肥胖、龋齿、厌食，甚至营养不良等症状。

本期喂养细节

宝宝缺锌早知道

由于宝宝膳食结构及饮食习惯的影响，宝宝体内的锌元素普遍偏低，出现年龄越小，锌元素缺乏症发生概率越高的现象。

1~3岁的宝宝每天需要锌元素9毫克，如果从饮食中得不到充足的补充就会出现下列症状：食欲差，厌食，异食癖，顽固性腹泻；夜盲症，复发性口腔炎，舌炎，结膜炎，外阴炎；皮肤黏膜损害，伤口不愈合，脱发；免疫能力下降，呼吸系统和消化系统反复感染；生长发育滞后，消瘦，矮小；智力发育迟滞，学习能力低下。

妈妈在照顾宝宝的时候应细心观察，以便及时发现宝宝的异常，为就诊和治疗赢得宝贵时间。如果妈妈发现宝宝出现上述症状，不要擅自给宝宝补锌，补锌过多会引起中毒，最好带宝宝去医院请专业的儿科医生诊治。

宝宝缺锌，妈妈可以多给宝宝吃些海产品、瘦肉、动物肝脏、奶制品、坚果。

喝酸奶的学问

不要空腹喝

适宜乳酸菌生长的pH值在5.4以上，宝宝空着肚子的时候，胃中的酸度增大，pH值在2左右，这个时候给宝宝喝酸奶，有益于肠道的乳酸菌会被胃酸杀死，酸奶的保健作用就大大地被削弱了。饭后2小时左右是宝宝喝酸奶的最佳时间，这个时候胃里的胃酸被食物稀释了，pH值上升到5左右，最适宜乳酸菌的生长。

· 写给妈妈 ·

酸奶中的乳酸对宝宝的牙齿有腐蚀作用，如果喝了酸奶没有及时漱口，宝宝的牙齿就会被乳酸腐蚀，加大龋齿的发生概率。

买回来的酸奶需要放在4℃以下冷藏，保存不当的酸奶会发生变质，不再适合饮用。

无须加热

不要用开水冲调酸奶或者给酸奶加热，酸奶中的乳酸菌在高温下会被大量杀死，不仅丧失了酸奶特有的口味，还失去了它特有的营养价值和保健功能。夏季给宝宝喝酸奶可以现买现喝，冬季可以先将酸奶取出冰箱，放置一段时间后再给宝宝饮用。

不要与这些药同食

抗生素、磺胺类药物和一些治疗腹泻的药物会杀死或破坏酸奶中的乳酸菌，宝宝吃了这些药之后再喝酸奶起不到原本的保健作用。

如何选购酸奶

买前看清成分表

购买酸奶前，妈妈需要注意产地、产商、生产日期等基本事项，还要仔细察看产品的配料表和产品成分表。一般来讲，酸牛奶的蛋白质含量不应低于 2.9% 或 2.3%（调味酸奶）。此外，妈妈还应注意区分酸牛奶和酸奶饮料，酸奶饮料会在配料表中出现水、山梨酸、蛋白质含量标示为 1.0% 或 0.7% 等字样。

考虑宝宝口味

按照不同的标准，酸奶有很多种分类，工艺上分为凝固型和搅拌型，脂肪含量上分为全脂、低脂和脱脂酸奶，原料和添加成分上则可分为纯酸奶（也就是我们所说的原味酸奶）和调味酸奶。凝固型酸奶和搅拌型酸奶在营养上并没有区别，只是凝固型酸奶的口感更酸些。建议妈妈为宝宝选购原味酸奶和全脂酸奶，这两种酸奶更利于宝宝健康。如果宝宝喜欢果味酸奶，可以先买回原味酸奶，然后自己添加各种新鲜果汁或者果粒，制成果味酸奶给宝宝食用。市售大果粒酸奶虽然深得宝宝的喜爱，不过所含的防腐剂、添加剂对宝宝健康不利，最好不要给宝宝买来吃。

自己先品尝

纯正的酸奶散发出特有的乳香，吃起来也可以很容易感受到纯乳酸发酵剂制成的酸牛奶特有的口味，劣质酸奶则没有这些特征，酸奶饮料则水果味盖过奶味，奶味也只有淡淡的一点儿。

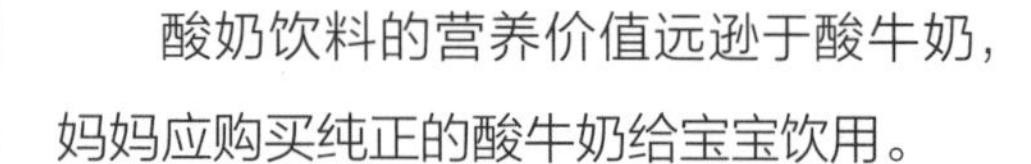

· 写给妈妈 ·

酸奶饮料的营养价值远逊于酸牛奶，妈妈应购买纯正的酸牛奶给宝宝饮用。

如何自制健康果汁

食材的选择

多汁、新鲜的应季水果是制作健康果汁的关键，不新鲜的水果、反季水果营养价值不高，甚至会影响宝宝的生长发育，不适合用来给宝宝制作果汁。

器具的选择

给宝宝制作果汁，妈妈需要准备专门的器具，不能同成年人的混用。制作果汁的器具包括削皮器、刀具、小菜板、果汁机或榨汁机，使用前后均需消毒。

如何制作

核果类水果，比如苹果、梨、桃子需要去皮、去核、去籽后切成小块榨汁，浆果类水果，比如草莓、桑葚、圣女果洗净后直接榨汁即可。

怎样喝果汁才健康

选择鲜榨果汁

虽然榨汁过程中会损失一部分营养素，不过鲜榨果汁保留了水果的大部分营养物质，可以为宝宝补充水分、维生素和矿物质，属于健康食物。果汁饮料虽然号称添加了果汁、果肉，营养物质含量却微乎其微，防腐剂、香精含量增加，不适合宝宝饮用。

果汁不能过量

水果中含有丰富的糖分，宝宝大量喝果汁会造成体内摄入过多的糖，既影响食欲，又会埋下肥胖的隐患，甚至引起烦躁、注意力不集中等。

果汁不可过度加热

鲜榨的果汁常温下饮用最佳，加热会破坏水溶性维生素，降低果汁的营养价值。如果天气太过寒冷，或者宝宝脾胃虚寒，妈妈可以给果汁适当加热，时间不宜过长，温度不宜过高，以免造成维生素的大量流失。

· 写给妈妈 ·

给宝宝喝完果汁后应记得及时漱口或者少喝点白开水，以免残留在口腔中的糖分腐蚀宝宝的牙齿。

宝宝出游带什么吃食

处于幼儿期的宝宝不适合长途旅行，近郊出游比较适合这个年龄段的宝宝，以乘车 4 小时之内到达目的地为宜，这样一天之内便可返回家中，避免环境改变给宝宝带来不适甚至疾病。

宝宝出游，饮食是最令妈妈头痛的问题，出门在外如何保证宝宝不饿肚子呢？这就需要妈妈提前做好准备，在出游的前一天给宝宝准备好第二天的吃食。

具有保温作用的小水壶必不可少，保温时间最好能达到 10 小时，宝宝玩得满头大汗，或者口渴时都可以喝上温热的白开水。

即使出游，宝宝平时的饮食规律也不应被打破，因此妈妈需要携带小包装的配方奶粉，到了每天的喝奶时间，妈妈就可以用自带的白开水冲了给宝宝喝。

酸奶营养价值高，还能保护宝宝的肠胃，同样适合出游时给宝宝食用，有益于恢复体力，预防胃肠疾病。

水果不可缺少，出游时带些新鲜的应季水果，有助于补充宝宝大量流汗丢失的多种营养素。妈妈准备水果时最好选择新鲜、不易碰伤、易保存、易剥皮的水果，洗净后放在保鲜盒里。

出门游玩，就餐时间难以保证，妈妈需要给宝宝准备一些零食，零食的选择既要投其所好，尽量选择宝宝平时喜欢吃的，更要坚持健康原则，薯片、炸鸡、汉堡都不适合。妈妈最好购买真空包装的，油和糖含量少的面包、蛋糕、饼干，宝宝饿了可以随时吃上一点，既可以补充体力，又不会影响正餐。

保护视力的营养素

营养素	对视力的作用	食物来源
胶原蛋白	胶原蛋白是一种重要的蛋白质，眼球玻璃体和视紫质中都含有胶原蛋白，其具有帮助维持视力健康的作用。	动物性食物中含量较多，比如鸡蛋、牛奶、畜禽肉、鱼虾、猪蹄、牛蹄筋
维生素A	维生素A可促进视觉细胞内感光色素的形成，预防夜盲症、眼睛干涩，缓解眼部疲劳。	胡萝卜、橘子、杧果、柿子、菠菜、黄玉米、动物肝脏
维生素B_1	维生素B_1通过参与糖代谢，维持神经组织，包括视神经组织的正常生理活动，人体内维生素B_1不足时易导致视神经炎。	玉米、小米、葵花籽、花生、黄豆粉、瘦猪肉
维生素B_2	维生素B_2可以有效缓解眼睛疲劳，保持视力水平，摄取不足时会导致眼睛干燥、畏光、流泪。	动物内脏、蛋、奶、黄豆、绿色蔬菜
维生素C	维生素C是眼球晶状体的组成成分之一，人体内缺乏维生素C容易导致晶状体浑浊，增加罹患白内障的风险。	小白菜、菠菜、油菜、西蓝花、猕猴桃、红枣、草莓
钙	钙可以增加软组织的弹性和韧性，人体缺钙会导致眼睛晶状体缺乏弹性，影响视力的正常发育。	牛奶及其制品、黄豆及制品、动物骨、木耳、芝麻酱
铬	铬元素可以维持眼球渗透压平衡，缺铬易导致晶状体变凸，造成眼睛屈光度增大，进而发生近视。	肉类、豆类、整粒谷物、香蕉、土豆、红糖

· 育儿百宝箱 ·

除了食物，妈妈的出游包里还需要准备吸水性强的毛巾（不时给玩得满头大汗的宝宝擦擦后背，以免感冒）、湿巾（清洁小手以免病从口入）、婴儿毯和外套（避免天气变化太快，着凉感冒）、创可贴和消毒药水（宝宝玩耍时受伤可及时处理）、玩具和图画书（宝宝哭闹时可以哄他们开心）、纸尿裤、宝宝平时用的餐具、围嘴。

警惕节后食积

节日期间，为了避免宝宝哭闹，妈妈大多不会限制宝宝的饮食，宝宝想吃什么就吃什么，想吃多少就吃多少，亲朋好友也会把好吃的东西塞给宝宝。宝宝的自制力很差，即使吃饱了也会继续把喜欢吃的食物往嘴巴里放，又多又杂的食物进入宝宝的肠胃不能被充分消化吸收，很易导致食积。

如果妈妈发现宝宝睡眠不好，总是翻来翻去，吃饭时没有食欲，经常腹胀、腹痛，舌苔白、厚，嘴里有酸腐味道，精神萎靡，则说明宝宝食积了。妈妈可以给宝宝喂山药粥，或者糖炒山楂（宜用红糖，如果宝宝有发热症状应换成白糖或者冰糖），两者都具有消食的作用。

· 写给妈妈 ·

妈妈还可以通过捏脊帮助宝宝消除食积带来的痛苦，具体方法如下：让宝宝俯卧在床上，妈妈用两手的拇指、食指和中指捏宝宝的脊柱两侧，一边捏一边按压，先由下而上，再由上而下，重复 5~10 遍，每天 1~2 次。

新手妈咪喂养误区

用豆浆代替奶

豆浆中含有胀气因子，宝宝胃肠功能不健全，喝豆浆过量会引发腹胀、腹泻。建议未满 1 岁的宝宝不喝豆浆，1 岁之后的宝宝可以少量喝些豆浆，但不能用豆浆代替奶制品，豆浆的营养价值远远不及牛奶。

妈妈不要让宝宝空腹喝豆浆，也不要把豆浆倒入保温瓶里储存。

给宝宝吃汤泡饭

米饭没有滋味，宝宝吃得又慢又委屈，这时候妈妈喜欢用汤把米饭泡一泡再给宝宝吃，结果养成了习惯，也损害了健康：

❶米粒随着汤汁很容易不经咀嚼就吞进胃里，常吃这种饭会增加胃肠负担，使得咀嚼能力得不到充分锻炼，造成咀嚼肌萎缩，甚至影响宝宝今后的脸型。

❷进入胃部的大量汤汁会稀释胃液，导致食物无法被充分地消化吸收，常吃汤泡饭易导致宝宝营养不良。

❸汤泡过的饭粒粒分明，宝宝吞咽能力不强，一不小心就会把米粒呛入气管，带来危险。

幸福妈妈厨房宝典

❶ 香葱花卷 / 花样早餐

原料：发酵好的面团 500 克，葱花适量

调料：植物油、盐适量

工具：剪刀、擀面杖、蒸锅

烹调时间：40 分钟

制作方法：

1. 面团揉好，擀成面皮，均匀地抹上一层植物油，撒上葱花和适量食盐，卷起来，切成小段，制成生坯；
2. 用剪刀将生坯一面的切口剪成几瓣，将这一面向上，用手整理一下，使其形成花瓣，放入锅中，蒸熟即可。

营养分析

作为主食的一大类，面食可以做出很多花样。这款花卷做成宝宝喜爱的花朵形状，便于宝宝撕成块来吃，体验吃饭的乐趣，促进宝宝食欲，尤其适合食欲不振的宝宝。

❷ 萝卜糕 / 花样早餐

原料：大米 250 克，萝卜 500 克，猪肉 50 克

调料：植物油、白糖、盐适量

工具：擦丝器、小汤锅、蒸锅、平底锅

烹调时间：1 小时

制作方法：

1. 大米事先泡上 1.5 小时左右，洗净后加适量清水磨成米浆备用；
2. 萝卜洗净后擦成丝，猪肉洗净后切成末；
3. 锅中加少许清水，放入萝卜丝，煮至熟透；
4. 将猪肉末放入萝卜丝中，加适量白糖、食盐调味，倒入米浆中，搅拌均匀，制成萝卜糕生坯；
5. 取一个干净方形盘，刷上一层油，倒入生坯，抹平；
6. 锅中加适量清水，煮沸后放入生坯，武火蒸 30 分钟，关火，继续等待 5 分钟；
7. 取出萝卜糕，晾凉后切成正方形小块；
8. 锅中加适量植物油，烧热后放入萝卜糕，文火煎至两面金黄即可。

营养分析

这款主食可以为宝宝提供丰富的能量、膳食纤维，以及多种维生素和矿物质，宝宝食用有助于免疫力的提升。

③ 萝卜炖牛肉 / 营养午餐

原料：牛肉 100 克，萝卜 200 克，葱段、姜片适量

调料：料酒和盐适量

工具：砂锅、小汤锅

烹调时间：1.5 小时

制作方法：

1. 牛肉和萝卜分别洗净，切成小块；
2. 锅中烧适量沸水，倒入牛肉块略焯，捞出；
3. 锅中加适量清水，煮沸后放入牛肉块、葱段和姜片，加适量料酒调味，武火煮沸后改文火煮至熟烂；
4. 将萝卜块放入锅中，煮熟后拣出葱段、姜片，撇去浮沫，加适量盐调味即可。

营养分析

牛肉是强筋壮骨的优质食材，蛋白质的含量高，特别有助于强健肌肉。经常生病的宝宝吃萝卜能够增强自身免疫力，丰富的膳食纤维还能够促进体内废物的排出。

④ 猪肉松 / 营养午餐

原料：猪瘦肉 300 克，葱两段，姜 3 片，青、红柿子椒各 25 克

调料：白糖 5 克、料酒 15 毫升、酱油 10 毫升、盐 8 克、植物油适量

工具：小汤锅、炒锅、擀面杖

烹调时间：1 小时

制作方法：

1. 猪肉洗净、切成块，青、红柿子椒分别洗净去籽，切丁备用；
2. 锅中加适量清水，放入猪肉块、葱段、姜片，中火煮沸，撇去浮沫后加料酒，改文火煮至八成熟；
3. 取出肉块，放凉后用擀面杖压成肉末，用餐叉叉松；
4. 锅中加少许植物油，使其均匀地分布在锅的四周，开文火，放入肉末，慢慢翻炒至香气四溢；
5. 放入青红柿子椒丁，加白糖、酱油、盐调味，继续炒至金黄、酥脆即可。

营养分析

与猪肉相比，猪肉松酥松柔软，绵而不腻，味鲜香浓，易于消化吸收，不喜欢吃肉的宝宝也会喜欢这款菜，能帮助宝宝补充蛋白质、脂溶性维生素以及多种矿物质。

5 番茄鸡蛋面 / 美味晚餐

原料： 番茄 50 克，鸡蛋 1 个，面条 25 克，葱花、高汤适量

调料： 植物油、盐适量

工具： 炒锅、小汤锅

烹调时间： 10 分钟

制作方法：

1. 番茄洗净，放入开水中略烫，捞出去皮、切丁；
2. 鸡蛋打散，面条折成小段备用；
3. 锅中加适量植物油，烧热后倒入蛋液，用铲子划散，盛出备用；
4. 锅中加适量植物油，烧热后倒入番茄丁，翻炒出汁，加适量高汤煮 10 分钟；
5. 等待番茄汤煮好的同时洗净小汤锅，加适量清水煮开，放入面条煮熟，捞在碗里；
6. 将鸡蛋倒入番茄汤中，略煮后浇在面条上，撒葱花即可。

番茄是宝宝喜欢的食材，配以鸡蛋和高汤，不仅香气浓郁、色彩鲜艳，还能够补充多种宝宝生长发育所需的营养物质，比如蛋白质、钙、铁。

6 鱼泥小馄饨 /美味晚餐

原料： 鱼肉 50 克，香葱 25 克，馄饨皮 6 个

调料： 生抽、盐适量

工具： 蒸锅、小汤锅

烹调时间： 40 分钟

制作方法：

1. 鱼肉洗净，放入锅中蒸熟，去皮、去骨刺，压成泥；
2. 香葱洗净、切成末，放入鱼泥中，加适量盐搅拌均匀制成馅料；
3. 将馅料包入馄饨皮中制成馄饨，放入沸水中煮开，加少量生抽，继续煮至馄饨浮至水面即可。

营养分析

鱼肉十分符合宝宝的营养需求，经常吃些鱼肉，能够帮助宝宝长得又高又壮又聪明。

1 岁 10~12 个月

生长发育特征

身体发育指标

指标 \ 性别	男宝宝			女宝宝		
	最小值	均 值	最大值	最小值	均 值	最大值
体重（千克）	9.9	12.6	15.2	9.4	11.9	14.5
身长（厘米）	80.9	87.6	94.4	79.9	86.5	93.0
头围（厘米）	45.6	48.2	50.8	44.8	47.2	49.6
胸围（厘米）	45.4	49.4	53.4	44.2	48.2	52.2

智能发展特点

宝宝能够使用 200 ~ 300 个词汇，说 3 ~ 5 个字组成的句子，会用语言表达所见所闻和感受，喜欢自言自语，也喜欢和爸爸妈妈对话。注意力集中时间延长，记忆力增强。性别意识增强，女宝宝开始模仿女性行为，男宝宝则会模仿男性行为。模仿能力强，从信笔涂鸦逐渐发展为熟练握笔，手眼协调能力进一步增强。

营养均衡的表现

营养均衡的宝宝	营养失衡的宝宝
体重增加、身长增长速度都和 1 岁 9 个月时基本持平，平均每个月分别增加约 0.2 千克、0.9 厘米，胸围增长速度有所加快，每个月平均增长 0.3 厘米。	营养不良的宝宝除了常见的吃饭不香，睡眠不好，面黄肌瘦外，若长期营养不良，还会出现语言发育延迟或倒退现象。

本期喂养细节

正式开始三餐两点

1 ~ 2 岁的宝宝胃容量有限，为 200 ~ 300 毫升，每餐的进食量有限，妈妈需要在三餐之外加两次点心，帮助宝宝获得充足的能量和营养。

此时的宝宝每天需要主食约 100 克，肉类、鱼类、蛋类约 100 克，蔬菜 100 ~ 150 克，水果约 150 克，食用油约 20 克。妈妈可以让宝宝和大人一起吃饭，但是食物依然需要单独制作，少盐、少糖、少加调味品，色香味俱佳，看上去小巧精致，比成人饭食软烂一些。

两餐之间加入两次点心，水果、奶制品是最佳选择，也可以给宝宝吃些小点心，比如面包、蛋糕、饼干，可以同时给宝宝两种，比如酸奶和水果、酸奶和面包。

妈妈自制点心比买回来的更加卫生、安全、营养，不会做点心的妈妈在选购点心时除了需要弄清楚生产厂家和食用期限之外，还应该注意食物成分表。最好选择植物油制成的点心，避免羟化油、反式脂肪酸危害宝宝的健康。无论自制还是购买的点心，妈妈都不要给宝宝吃太多，这是因为点心大多属于过甜、过咸、过于油腻的食物，过量食用易引发肥胖，伤及脾胃，天干物燥的季节还会引起上呼吸道不适。

·写给妈妈·

宝宝的食用油最好选择植物油，不仅有助于预防肥胖，花生油、芝麻油、核桃油等还能够促进宝宝智力发育。

“两点”要做到量少质精，不要将巧克力、糖果、罐头作为宝宝的点心，可以适量给宝宝吃点山楂制品开胃。

食物中毒的处理方法

宝宝食物中毒并不是很常见，一旦发生后果通常很严重，这里提供一些方法给妈妈作为知识储备，以备不时之需。

稳住心神

当妈妈发现宝宝出现异常症状，怀疑宝宝食物中毒后千万不可慌张，手足无措、坐立不安会在情绪上影响宝宝。这个时候妈妈应尽快冷静下来，首先询问吃了什么，然后检查宝宝口袋里，或者周围有没有吃剩的东西，和宝宝一起吃东西的孩子或者大人是否出现类似情况。

及时催吐

妈妈在确定宝宝发生食物中毒后，需要估算一下宝宝吃下有毒食物的时间。如果中毒发生的时间在2~4小时，妈妈可以用手指或者筷子刺激宝宝的咽喉壁，让宝宝尽快把有毒的食物吐出来，以免毒素被吸收。如果中毒已经超过4小时，妈妈需要给宝宝喝下大量的淡盐开水，并且使用双手挤压胃下部的方法让宝宝吐出胃中的残留物。

保存毒物

如果妈妈找到了导致宝宝中毒的食物，或者发现了造成宝宝食物中毒的可疑物，应该马上妥善保管起来，为医生分析宝宝中毒情况提供有力证据。

尽快就医

在经过简单的急救之后，妈妈应该立刻把宝宝送往医院，让专业的医生为宝宝做进一步的诊治，不可拖拖拉拉，甚至抱着再等等看的态度在家里观察宝宝的病情。

让宝宝远离高盐饮食

高盐饮食的危害

高盐饮食对血压有很大的影响，膳食中食盐过量会导致大量的钠元素被吸收进入血液，造成水钠潴留、血容量增加，进而使血压上升。同时，过量的钠元素还能引起血管平滑肌细胞水肿，导致血管腔变窄，使得血压进一步升高。

高盐饮食带来的疾病不止高血压，糖尿病、胃炎、胃癌，甚至看起来毫无联系的上呼吸道感染都可与摄入过多的食盐有关：食盐具有促进淀粉消化，加速葡萄糖吸收的作用，进入血液的葡萄糖超标即可诱发糖尿病；高盐食物刺激胃黏膜，减少胃酸的分泌量，还可能在胃里转化成致癌的亚硝酸盐；食盐能够抑制呼吸道黏膜上皮细胞的保护功能，减少唾液的分泌，为各种细菌、病毒的繁殖创造有利环境。

宝宝每天需要多少盐

如果妈妈按照下面表格中的食盐量给宝宝准备一日三餐，宝宝摄入的钠元素已经超标。这是因为除了食盐，天然的食物中也含有少量的钠元素，有的妈妈喜欢用味精、酱油调味，同样会增加饮食中的钠元素。所以建议妈妈给未满 1 岁的宝宝准备辅食时最好不加盐，如果加盐每日应不超过 1 克，1 岁以后宝宝饮食中食盐量每日不宜超过 2 克。

月龄	每日所需钠元素
0 ~ 6 个月	200 毫克（相当于 0.5 克食盐）
7 ~ 12 个月	500 毫克（相当于 1.25 克食盐）
1 ~ 3 岁	650 毫克（相当于 1.625 克食盐）

高盐零食大盘点

火腿肠

市售的火腿肠种类繁多，除了传统的猪肉火腿肠、鸡肉火腿肠，各种风味的火腿肠，如蘑菇火腿肠、玉米火腿肠、泡椒火腿肠、大肉粒火腿肠等最受宝宝的青睐。火腿肠本身的营养价值并不高，生产加工过程中又添加了大量的食盐、味精作为调味料，每 100 克火腿肠中钠含量可高达 700 ~ 800 毫克，甚至 1000 毫克，属于典型的高盐零食。

油炸零食

油炸土豆、油炸小鱼、油炸鸡腿（翅）等油炸类零食同样含有超标的盐分。举个例子，油炸小鱼是很多宝宝喜欢的鱼类零食，酥脆可口、香气扑鼻，还没有鱼腥味，这是怎么做到的呢？大量地放盐和味精先把鱼腌入味，然后再高温反复油炸，浓重的咸味、味精味，再加上高温油炸的香气就能很好地掩盖鱼肉本身的腥气，这样的零食含盐量非常高。

熏制零食

熏鸡、熏鸭、熏肉等熏制的零食风味独特，即使不喜欢肉食的宝宝也会很喜欢吃。由于制作过程中添加了过量的味精、食盐、五香粉等调味料，这类熏制的零食也属于高盐食物，不适合宝宝食用。

小苏打点心

小苏打的化学名称叫碳酸氢钠，是食品工业应用最广泛的疏松剂，常用于生产面包、饼干、糕点、馒头、汽水等零食，宝宝经常吃添加了小苏打的点心无疑会增加体内钠元素的含量。妈妈在给宝宝购买点心时，需要认真阅读食品成分表，最好不要购买添加了小苏打的点心。

酱料零食

沙拉酱、番茄酱、酱油等酱料中含有大量的钠元素，宝宝虽然不会直接吃这些酱料，但妈妈需要警惕各种含有这些酱料的零食。比如抹了番茄酱或者沙拉酱的三明治、汉堡包。如果宝宝偏爱这类酱料的口感，妈妈可以购买专门为宝宝生产的儿童沙拉酱、酱油等产品，少量给宝宝食用。

若要小儿安，三分饥与寒

中医提出的“三分饥与寒”的育儿理论在现代仍具有积极的指导意义，很多妈妈不明白其中的意思，认为让宝宝忍饥受寒不利于生长发育。明代名医万全在《育婴家秘》中很好地解释了这一理论的真正含义：“饥，谓节其饮食也；寒，谓适其寒温也。勿令太饱、太暖之意；非不食、不衣之谬说也。”可见，所谓三分饥不是让宝宝挨饿，是指不要让宝宝吃得太饱，以免消化不良；三分寒不是让宝宝受冻，是指不要让宝宝穿得太多，以免适应不了外界环境的变化。

“已饥方食，未饱先止”是养生的重要方法。宝宝的胃容量和消化能力都很有限，新生儿的胃容量只有 60 ~ 100 毫升，6 个月的宝宝胃容量约 200 毫升，1 岁的宝宝胃容量为 250 ~ 400 毫升，与成年人的 2000 毫升胃容量相比小很多。一次性吃下太多的食物很容易超过宝宝胃的最大容量，引发恶心、呕吐；过量的食物同时会加重胃肠的消化负担，引起消化不良、腹泻、腹痛。因此，宝宝的饮食应坚持“七分饱，三分饥”的原则，切勿吃撑。

早餐吃不好，智力有损伤

经过一夜的睡眠，脑组织需要富含能量和营养的食物来满足生理需要，此时的营养需求量和利用率都高于其他两餐，供给不足则会影响脑部发育。早餐吃不好的宝宝容易出现低血糖症状，大脑供血不足则会缺氧，出现注意力不集中、精神萎靡不振、反应迟钝等症状，研究表明早餐吃得不好的宝宝智商比坚持吃营养早餐的宝宝低 10% ~ 15%。

此外，由于前一天的晚餐和第二天的早餐间隔时间较长，宝宝的身体急需补充各种营养物质和能量，这个时候取消早餐或者拿劣质早餐来充数，都不能满足身体的需要，空腹时间过长还会大大增加宝宝患上胆结石的概率。

宝宝在外就餐的原则

多菜少肉

在外就餐时，妈妈难以把握食材的新鲜度和食物制作的卫生情况，建议最好少给宝宝吃肉食，以免宝宝吃了冰冻过久的肉食出现腹泻、呕吐。新鲜的时令蔬菜和水果，可以适量多给宝宝吃一些。

少油、少盐、少糖

为了增加菜肴的色香味，提高食客的食欲，餐厅会把菜做得油汪汪、甜蜜蜜，成年人偶尔吃一顿这样的菜不会带来不适。宝宝胃肠娇嫩，过量的油、盐、糖会给宝宝身体造成负担，因此宝宝外出就餐同样需要坚持清淡饮食的原则。

避开高峰

用餐高峰期间餐厅里人多、噪声多，这样的环境很容易让宝宝产生不安全感，即使宝宝能适应这样的环境，妈妈指望宝宝像成年人一样安静地在餐厅用餐也是不现实的，宝宝会用哭泣、吵闹表达不满。避开用餐的高峰期可以让宝宝在相对安静的环境中进餐，避免宝宝哭闹带来的麻烦。

宝宝不宜吃月饼

月饼属于典型的高糖、高脂、高能量食品，饼皮和馅料中都含有过量的糖分和油脂。宝宝的消化系统发育不成熟，吃月饼很容易引起消化不良、腹泻、腹痛，因此最好不要给宝宝吃月饼。如果宝宝实在想吃，妈妈可以给宝宝少吃一点，但不应超过 1/5 个月饼，同时还需要相应地减少当天主食和食用油的摄入量，以免宝宝摄入过量油脂，诱发腹泻。

市售的婴儿月饼同样不适合宝宝食用，这类产品除了个头比较迷你，造型更加可爱，价格更贵之外，跟普通的月饼没有区别，依然属于不健康的三高食品。

新手妈咪喂养误区

宝宝磨牙是肚里长虫

肚里长虫的症状

肚里有寄生虫的宝宝，除了会夜里磨牙之外，还会经常肚子痛，出现肛门瘙痒、惊醒、流口水、易饿、长不胖，以及不明原因的“风疙瘩”等症状。妈妈应该根据宝宝的多种异常症状综合判断，不要盲目给宝宝吃药驱虫。

引起磨牙的其他原因

原因	对策
缺钙：导致烦躁、夜里惊醒和磨牙等症状。	补充钙片和鱼肝油，食用富含钙质的食物，多晒太阳。
消化不良：晚饭吃太饱，或者睡前加餐导致睡觉时胃肠道里存有太多食物，迫使消化系统在睡着之后“加夜班”，咀嚼肌也会加入进来，于是就出现了磨牙现象。	准备清淡、易消化的晚餐，睡前不给宝宝加餐或者吃零食。
精神兴奋：白天过于紧张，或者睡前过于兴奋，睡着了之后神经系统依然处于兴奋状态，颌骨肌群紧张性增高，从而引起夜里磨牙。	睡前不要让宝宝看过于惊险刺激的电视节目，不和宝宝打闹，让宝宝在安静、平和的氛围中入睡可以放松神经。
咬合障碍：牙齿排列不整齐、生长位置异常会破坏咀嚼器官的协调，当这种咬合障碍出现后，人体就会试图通过增加牙齿的磨动来去除这种障碍。	最好带宝宝到医院口腔科检查一下牙齿是否有咬合障碍，如果有则需要按照医生的建议进行治疗。

饮食一味高蛋白

蛋白质具有促进生长发育、提高机体免疫力等作用，宝宝的成长少不了蛋白质的参与。然而过量的蛋白质摄入会给宝宝带来负面影响。

胃肠功能紊乱

宝宝摄取的蛋白质超过了胃肠的消化吸收能力，有一部分蛋白质就不能被消化吸收，而是在肠道发生腐败作用，形成大量腐败产物氨；肠道里的细菌也会趁机通过腐败作用产生苯酚、吲哚、甲基吲哚，以及硫化氢等物质，它们会导致宝宝胃肠功能紊乱。

损害肝脏

肝脏是人体最大的解毒器官。过量的蛋白质在肠道产生过多的腐败物，这些腐败物会加重宝宝肝脏的负担，久而久之还会损害宝宝的肝脏。

加重肾脏负荷

过量的蛋白质会在宝宝体内产生大量的尿素、肌酐、肌酸、尿酸等物质，它们必须从肾脏中滤过，进入尿中，然后排出体外。代谢的废物越多，肾脏的排废工作量也就越大，长期处于超负荷运转中的肾脏会出现功能、结构受损的现象。

喝奶必喝高钙奶

高钙奶中添加的钙多数属于化学钙，与有机钙不同，这种钙不易被人体吸收，吸收率一般只有 30% ~ 40%。

1 ~ 3 岁的宝宝每天需要 600 ~ 800 毫克的钙。奶制品中富含钙质且吸收率高，每天 500 毫升左右的奶即可满足宝宝对钙质的需求；同时每天食用的肉类、鱼类、蛋类、豆类以及谷物中都含有一定量的钙。饮食均衡、食物多样化的宝宝没有必要喝高钙奶，多余的钙不能被人体吸收，只会加重身体的负担，在体内沉积之后有可能形成肾结石。

·孕产小护士·

给宝宝食用高蛋白食物宜适量，1 ~ 2 岁的宝宝每天需要的蛋白质约为 35 克。过量不仅会造成蛋白质的浪费，还会使宝宝发胖，患上营养性肥胖症。

妈妈不要盲目给宝宝吃蛋白粉，最好先咨询一下医生。

幸福妈妈厨房宝典

① 山药南瓜粥 / 花样早餐

原料：山药 50 克，南瓜 50 克，粳米 50 克
工具：小汤锅或电饭锅
烹调时间：35 分钟
制作方法：
1. 山药去皮、洗净、切片，南瓜洗净、去皮、切块，粳米洗净备用；
2. 锅中加适量清水，放入粳米和山药块，武火煮沸；
3. 将南瓜块放入锅中，改文火继续熬煮成粥即可。

南瓜富含的类胡萝卜素在人体内可转化为维生素A，有助于维护上呼吸道健康，增强免疫力，促进骨骼发育。山药含有淀粉酶、多酚氧化酶等物质，能强化脾胃消化吸收功能，宝宝食用可补益脾胃。

② 鸡蛋煎面包片 / 花样早餐

原料：鸡蛋 1 个，嫩玉米粒 50 克，吐司 2 片，葱花适量
调料：植物油、盐适量
工具：平底锅
烹调时间：5 分钟
1. 鸡蛋打入盘中，搅成蛋液备用；
2. 吐司切成两半，嫩玉米粒洗净备用；
3. 锅中加适量植物油，烧热后下葱花炝锅，倒入玉米粒翻炒至熟；
4. 将吐司片蘸满蛋液，放入锅中，煎至蛋液凝固，玉米粒附着在吐司上后翻至另一面，两面翻动煎熟，撒少许食盐调味即可。

营养分析

这款早餐可以为宝宝提供丰富的优质蛋白质、维生素A、B族维生素、卵磷脂、钙、磷、铁以及能量，鲜玉米的清香软糯还能增进宝宝的食欲。

③ 山药排骨玉米/ 营养午餐

原料：胡萝卜 100 克，山药 150 克，黑玉米 200 克，排骨 500 克

调料：葱段、姜片、大料、盐适量

工具：小汤锅、砂锅

烹调时间：1.5 小时

制作方法：

1. 排骨洗净剁成块，胡萝卜洗净、去皮、切块，黑玉米洗净切段，山药去皮、洗净，切块备用；
2. 锅中加适量清水，煮沸后倒入排骨焯一下，捞出；
3. 锅中加适量清水，放入葱段、姜片、大料和排骨，武火煮沸改文火继续煮 20 分钟；
4. 将剩下的食材放入锅中，继续煮熟，加适量盐调味即可。

营养分析

这款菜能够为宝宝提供丰富的钙、磷、铁、胡萝卜素、维生素C以及膳食纤维，有利于促进宝宝生长发育，提高机体免疫功能。

④ 花藕合/ 营养午餐

原料：藕 1 节，瘦猪肉 150 克，鸡蛋清 2 个，面粉、淀粉适量，葱姜末适量

调料：植物油、生抽、盐适量

工具：剪刀、平底锅

烹调时间：30 分钟

制作方法：

1. 藕洗净、去皮、切成薄片，用剪刀沿着藕孔剪成花朵状，放入淡盐水中浸泡，备用；
2. 瘦猪肉洗净后剁碎，放入 1 个鸡蛋清、葱姜末，加适量生抽和盐调味，搅拌成馅料备用，放置 5 分钟；
3. 将面粉、另一个鸡蛋清和淀粉放入碗中，加少许清水，搅拌均匀；
4. 取一个藕片，放上肉馅，放上另一个藕片，注意对齐花瓣，用手指压一压，依次处理剩下的藕片；
5. 锅中加适量植物油，烧至五成热，将藕合蘸满面糊，放入锅中煎熟即可。

营养分析

这款菜可以为宝宝提供丰富的优质蛋白质、脂肪、钙、铁、磷、维生素C、天门冬素等营养物质，具有健脾开胃、益血补心、消食生津的功效。

5 牛肉面/美味晚餐

原料：牛肉50克，面条100克，青菜50克，葱段、姜片适量
调料：植物油、盐
工具：炒锅、小汤锅
烹调时间：30分钟
制作方法：
1. 牛肉洗净、切小块，青菜洗净，切小段备用；
2. 锅中加适量植物油，烧热后下葱段、姜片炝锅，倒入牛肉翻炒至变色，加少许清水，武火煮沸后改文火继续煮至熟烂，拣去葱段、姜片；
3. 锅中加适量清水，煮沸后放入面条，煮熟，捞入碗中，将牛肉连汤汁一起浇在面条上即可。

营养分析

牛肉具有强筋壮骨、补血益气的功效，宝宝食用有助强壮身体。这款面可为宝宝提供丰富的优质蛋白、能量、钙、磷、铁等营养素。

6 草菇时蔬丁/美味晚餐

原料：草菇50克，黄瓜50克，土豆50克，胡萝卜50克
调料：植物油、盐
工具：炒锅
烹调时间：15分钟
制作方法：
1. 草菇洗净切丁，黄瓜、土豆、胡萝卜分别洗净、去皮，切丁备用；
2. 锅中加适量植物油，烧热后放入胡萝卜丁和土豆丁翻炒片刻，然后放入草菇丁和黄瓜丁一起翻炒至熟，加适量盐调味即可。

营养分析

这款菜色彩鲜艳，气味清香，保留了食物的本真味道，适合食欲不振、便秘的宝宝食用，丰富的胡萝卜素和维生素C还能促进宝宝的生长发育，以及免疫力的提高。

第四章

均衡营养，宝宝聪明健康 /2 ~ 3 岁

2岁1~3个月

生长发育特征

身体发育指标

性别 指标	男宝宝			女宝宝		
	最小值	均 值	最大值	最小值	均 值	最大值
体重（千克）	10.3	13.0	15.9	9.9	12.4	15.3
身长（厘米）	83.2	90.0	96.9	82.3	89.0	95.7
头围（厘米）	46.2	48.8	51.4	45.3	47.7	50.1
胸围（厘米）	46.2	50.2	54.2	45.1	49.1	53.1

宝宝两岁以后体格发育速度有所减缓，妈妈半年进行一次测评即可。此时宝宝的个体差异越来越大，有的宝宝表现出身长、体重持续增长的特点，有的宝宝则表现出跳跃式发展的特点（一段时间身长和体重增长缓慢甚至停滞，但身体和精神状态良好，下一段时间身长和体重则迅速增长），妈妈不必纠结宝宝的各项指标是否和数据完全吻合。

智能发展特点

两岁的宝宝已经掌握了大约200个词，能说5～6个字组成的句子；词汇量迅速积累，能完整地背一些儿歌、唐诗，基本能够分辨“我”和“你”。大多宝宝能够独立吃饭，控制大小便的能力加强。可以一页页地翻书，指出图片中的人物和动物。宝宝已经能自己穿袜子，穿开领衣服和松紧裤了。开始喜欢手工，比如折纸、捏橡皮泥，也喜欢拆卸玩具，探索其内部结构。宝宝的自我意识和权利意识增强，开始坚持自己的意见，并主动要求做事。

营养均衡的表现

营养均衡的宝宝	营养失衡的宝宝
生长发育再次减缓，身长每个月平均增长 0.6 厘米，体重每个月平均增加 0.15 千克；头围和胸围的变化很小，分别为每个月 0.1 厘米、0.15 厘米；食欲好；精神状态良好；学习能力强，反应灵敏。	若宝宝空腹时整个腹部很大，使生长发育迟滞，应警惕佝偻病（注意与正常的生理现象区分，宝宝吃过饭后上腹部变大属于正常现象）；缺锌的宝宝可能同时缺乏维生素 A，出现视觉功能异常、夜盲症、眼睛和皮肤干涩等症状。

本期喂养细节

配方奶不能停

宝宝的胃肠功能比起婴儿期来更加成熟，但是咀嚼和消化能力尚未发育完全。2 ~ 3 岁的宝宝虽然已经可以喝酸奶、牛奶了，但是仍然需要继续喝配方奶，这是因为配方奶中的营养比例配置比较科学合理，各种营养物质更容易被宝宝消化吸收，比起其他奶类，更能促进宝宝的生长发育。

警惕甜食综合征

甜食综合征的危害

食物中所含的糖类进入人体后会转化为葡萄糖，进而在含维生素 B_1 的酶催化下氧化成二氧化碳和水。宝宝过量吃甜食，机体会加速葡萄糖的氧化，这样一来维生素 B_1 就被大量消耗，一旦食物中供给的维生素 B_1 不足，就会影响葡萄糖的氧化作用，产生氧化不全的代谢物，比如乳酸。这类物质在脑组织中蓄积后会影响中枢神经系统的活动，出现情绪不稳定、注意力不集中、爱哭闹、好发脾气等症状，被称为“甜食综合征”，又称为“儿童嗜糖性精神烦躁症”。

患上甜食综合征怎么办

宝宝患上“甜食综合征”，妈妈不要过于紧张和焦急。日常饮食需要注意两点：一是严格控制宝宝的食糖量，包括看得见的糖，如糖果、甜面包、甜饮料，也包括看不见的糖，比如含糖量高的水果；二是多给宝宝食用富含维生素 B_1 的食物，如葵花子、花生、瘦猪肉、糙米、小米、玉米。坚持这两点，宝宝的症状就会逐渐消失，不会对宝宝将来的智力和身体发育造成不利。

· 写给妈妈 ·

过量吃甜食还会诱发肥胖、糖尿病、龋齿、营养不良、胃炎。嗜糖的宝宝长不高，大量的糖会消耗人体内的钙质，甚至导致佝偻病。控糖应从小抓起，吃饭前后、睡觉前不给宝宝吃甜食，每天每千克体重摄入的糖不宜超过 0.5 克。

坚果让宝宝更聪明

吃坚果的益处

❶ 促进大脑发育

1 ~ 3 岁是宝宝脑部发育的黄金时期，大脑中约有 1/4 的固体物质由磷脂质形成，而大脑皮质区的磷脂质主要成分是 DHA 和 AA（花生四烯酸），坚果含有丰富的 DHA 和 AA 前体，进入人体后可以合成 DHA 和 AA，有利于宝宝的大脑发育。此外，宝宝常吃坚果能够给脑部提供大量优质的脂肪，促进脑细胞发育和神经纤维髓鞘的形成，并保证它们的良好功能。

❷ 促进视觉发育

DHA 是视网膜的重要组成物质，是宝宝视觉功能发育所必需的营养物质，一旦缺乏就会损伤视觉功能，出现视敏度发育迟缓，对光信号刺激的注视时间延长等症状。坚果中含有丰富而多样的脂溶性维生素以及矿物质，如维生素 A、钙、锌，这些营养素对于宝宝的视力发育也必不可少。

注意事项

①不要整粒吃。整粒坚果不能被宝宝嚼碎，容易呛入气管或引起消化不良，最好将坚果处理成粉末或者浆，再加工成食物给宝宝吃。

②不要吃调味坚果。加入盐、糖等调味品加工过的坚果卫生无法保证，营养也不如原味坚果。

③不要过量。建议每天给宝宝吃小半把花生，或者 4 个腰果，也可以是 1 个核桃。

④不吃变质坚果。坚果受潮后会产生致癌物质，妈妈发现坚果发软变味之后不要再给宝宝食用。

烧开水的学问

健康的开水并不是简单地把自来水烧开就行，这是因为自然界中的水进入自来水厂，经过氯化处理后残留了卤代烃等有毒的致癌化合物，简单地将水烧开只能减少一部分残留毒物，水中所含的有毒化合物依然超过国家标准；如果继续煮沸 3 分钟，水中的有毒化合物就会大量减少，成为符合国家标准的安全饮用水。

烧开水并不是越久越好，水沸后继续煮 3 分钟为宜，煮得过久会导致水分蒸发过多，水中的有毒化合物含量相对增高，这样的开水对身体害处很大。

·孕产小护士·

蒸锅水、千滚水、隔夜水中都含有大量的有毒化合物，不适合饮用。

四季不同，饮水有别

春季 春暖花开的季节里细菌也特别活跃，妈妈可以给宝宝适当喝些淡盐水，有利于预防上呼吸道感染疾病。

夏季 酷热难当的夏季最合适喝凉开水，可以帮助宝宝补充活动中大量流汗损失的水分。

秋季 干燥多风的秋季里，妈妈可以给宝宝多喝些温开水，避免宝宝出现秋燥症状。

冬季 天寒地冻的冬季，很多宝宝拒绝喝水，妈妈可以给宝宝喝些温热的开水。每次少喝点儿，不要倒上一大杯，宝宝没喝完就冷了。让宝宝自己捧着杯子喝水，顺便暖和一下小手。

中西式早餐孰优孰劣

西式早餐常常含有大量的糖、蛋白质和脂肪，是典型的三高食品，宝宝吃了这些食物之后胃肠负担加重，血液长时期集中在消化器官，导致宝宝整个上午都注意力不集中，长期吃西式早餐的宝宝容易变成小胖墩。

传统的中式早点中缺少了维生素的供给，尤其是水溶性维生素极度缺乏，导致宝宝一上午都处于低维生素状态。油条、油饼等油炸食品不易消化，长时间的消化过程使得血液过久蓄积于消化道，从而减少了脑细胞的供血供氧，不利于智力发育。中、西式早餐都有弊端，妈妈应该取长补短，为中式早餐搭配上蔬菜和水果，减少西式早餐中脂肪和糖的含量，努力做到营养均衡。

饭前饭后吃冰激凌

冰激凌是一种高糖、高脂肪食物，宝宝食用后不易消化，且会降低食欲、刺激肠胃，因此饭前不要给宝宝吃冰激凌。

另外，宝宝玩得满头是汗时不要给宝宝吃冰激凌，冰激凌温度低，进入温暖的胃之后会导致胃黏膜血管收缩，引发胃肠功能紊乱，很容易造成宝宝腹胀、积食，饭后给宝宝吃冰激凌对消化吸收也很不利。

营养早餐的标准

一顿营养丰富的早餐应该含有丰富的能量、碳水化合物、蛋白质、矿物质，以及维生素；包括谷物、奶类及其制品、蛋类或肉类，以及最容易被我们忽视的蔬菜和水果。宝宝的早餐中如果增加蔬菜和水果，能够维持血液酸碱度的平衡，减轻胃肠道的压力，并且能为宝宝及时地提供一定量的维生素。传统的粥、鸡蛋、馒头配上新鲜的水果和蔬菜就是一顿营养丰富而均衡的早餐了，用新鲜蔬菜和鸡蛋、肉类一起煮面也是不错的早餐选择。

预防近视的饮食要点

不偏食

前面我们谈到良好的视力发育需要维生素 A、维生素 B_1、维生素 B_2、蛋白质、钙、铬等营养物质的参与，某一种或者某一类食物不能保证这些营养素全面、足量的供给。偏食的宝宝嗜食某一类食物，导致每天摄入的食物只能提供部分营养物质，其他营养物质则供给不足。长期的偏食会造成体内营养失衡，影响眼球的正常发育，诱发近视。想要宝宝拥有明亮的双眼，妈妈首先要帮助宝宝养成良好的饮食习惯，不偏食、不挑食。

少吃甜食

甜食含糖量高，宝宝经常食用会造成体内钙质流失，导致体内血钙水平降低，容易诱发近视，因此远离甜食有助于维护宝宝的视力健康。

适量吃硬食

给宝宝适量吃些硬食不仅可以锻炼面部肌肉和牙齿，还能促进眼部肌肉组织的视力调节功能，有益于维持正常的视力，经常吃软食的宝宝长大后视力很可能会出现不同程度的下降。

新手妈咪喂养误区

给宝宝吃隔夜菜

隔夜菜不适合给宝宝食用，因为这些菜中的维生素，如 B 族维生素、维生素 C 已经大量流失了。此外，隔夜菜即使是放在冰箱里保存也很容易被细菌污染，宝宝如果吃了污染食物，轻则腹痛、腹泻，重则会引发食物中毒。妈妈在给宝宝准备菜肴的时候不要做得太多，应根据自家宝宝的食量，准备够宝宝吃一顿的量就可以了，现做现吃的蔬菜更有利于宝宝健康。

给宝宝吃含磷钙制剂

钙和磷是组成骨骼的主要元素，人体摄入的钙和磷必须符合一定的比例，如果摄入的磷过多，多余的磷元素就会形成不溶于水的磷酸钙排出体外，间接导致钙质流失。

由于水源和日常饮食的影响，中国人摄入的磷已经超标很多，如果妈妈再给宝宝吃含磷的钙制剂，必然会导致宝宝体内矿物质失衡，引发一系列严重后果。

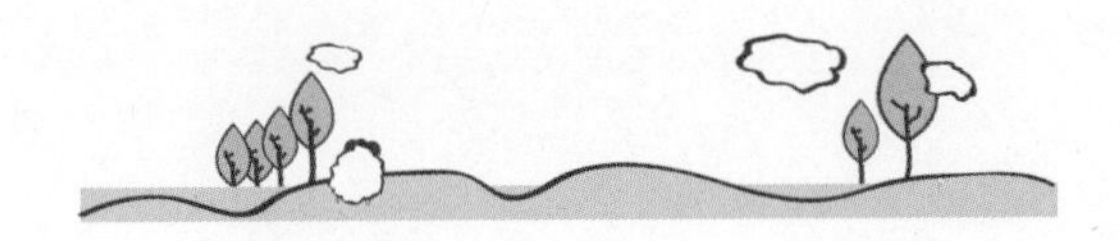

幸福妈妈厨房宝典

❶ 鲜奶软饼 / 花样早餐

原料：牛奶 150 毫升，面粉 100 克，葡萄干 25 克

调料：白糖、植物油适量

工具：平底锅

烹调时间：6 分钟

制作方法：

1. 面粉、牛奶、白糖混合在一起，搅拌均匀制成面糊备用；
2. 锅中加适量植物油，烧热后依次用勺子舀一部分面糊放入锅中，使其形成圆形，撒上葡萄干，一面煎至定形后，翻至另一面，煎至两面金黄即可。

营养分析

面粉可以为宝宝提供丰富的能量，葡萄干能健胃生津、补血益气，牛奶则能强壮宝宝的骨骼和牙齿，美观的造型更能让宝宝胃口大开。

❷ 自制甜豆浆 / 花样早餐

原料：黄豆 80 克，牛奶 250 毫升，白糖 15 克

工具：豆浆机

烹调时间：30 分钟

制作方法：

1. 提前将黄豆洗净，放入清水中浸泡 10 小时左右；
2. 将泡好的黄豆放入豆浆机中，加适量清水，按下“豆浆”键，等待豆浆机提示完成；
3. 将豆浆倒入碗中，加白糖搅拌均匀，放至温热后倒入牛奶，再次搅拌均匀即可。

营养分析

这款豆浆富含钙质，宝宝正处于生长发育高峰，骨骼和牙齿发育需要大量的钙质。豆浆加牛奶能够起到补钙的作用，同时有助于优质蛋白质的补充。

③ 鸡汤豆苗 / 营养午餐

原料：鲜鸡汤 1 碗，南瓜 100 克，豌豆苗 150 克，姜汁适量

调料：植物油、料酒、盐适量

工具：小汤锅、炒锅

烹调时间：25 分钟

制作方法：

1. 南瓜洗净、去皮、切丁，豌豆苗洗净备用；
2. 锅中加适量清水，煮沸后加适量姜汁和料酒，放入豌豆苗，焯一下，捞出备用；
3. 锅中加适量植物油，烧热后倒入豌豆苗，炒熟，盛出装盘；
4. 将鸡汤倒入锅中，放入南瓜丁，煮至熟烂，用勺子捣成泥，继续煮成浓汤，加适量盐调味；
5. 将煮好的南瓜鸡汤淋在豌豆苗上即可。

营养分析

豌豆苗含有丰富的B族维生素、维生素C、胡萝卜素以及膳食纤维，宝宝食用可提高抵御疾病的能力，促进胃肠蠕动，防治便秘。这款菜色泽清新，味道清香，能够提起宝宝的食欲。

④ 鲜虾烩豆腐 / 营养午餐

原料：豆腐 100 克，虾仁 50 克，熟鸡蛋黄 1 个，葱花适量

调料：植物油、盐适量

工具：炒锅

烹调时间：15 分钟

制作方法：

1. 豆腐洗净切块，虾仁洗净切丁，熟鸡蛋黄研成泥备用；
2. 锅中加适量植物油，烧热后下一半葱花炝锅；
3. 锅中加适量清水，放入豆腐块和虾仁丁，煮沸；
4. 将蛋黄泥撒入锅中，用勺子慢慢搅动（不要用力过猛而弄碎豆腐），继续煮沸后加适量盐调味，撒上剩下的葱花即可。

营养分析

豆腐和虾仁能够为宝宝提供丰富的优质蛋白质和钙，两者都易于消化吸收，适合宝宝强身健体，鸡蛋黄则有助于宝宝的脑部发育。这款菜能够促进宝宝的生长发育。

2岁4~6个月

生长发育特征

身体发育指标

指标 \ 性别	男宝宝			女宝宝		
	最小值	均 值	最大值	最小值	均 值	最大值
体重（千克）	10.8	13.6	16.7	10.3	13.0	16.2
身长（厘米）	85.4	92.3	99.2	84.5	91.3	98.1
头围（厘米）	46.2	48.8	51.4	45.3	47.7	50.1
胸围（厘米）	46.2	50.2	54.2	45.1	49.1	53.1

智能发展特点

宝宝能够自如地蹲在地上玩耍，喜欢变着花样走路，比如横着、退着走。手部能力进一步发展，此时的宝宝能够用蜡笔写出0和1，并对数有了实际认识。宝宝开始喜欢爸爸妈妈的东西，使用之后还会跑到镜子面前欣赏。宝宝喜欢反复听一个故事，读一本书，拥有了联想能力，愿意和别的宝宝一起玩耍，但还没学会分享和如何交朋友。

营养均衡的表现

营养均衡的宝宝	营养失衡的宝宝
身长、体重稳定增长，头围、胸围增长不明显；面色红润，不消瘦；很快乐，情绪稳定；吃饭香。	宝宝出现食欲不振，头发稀黄且脱落多，生长发育落后、异食癖等症状时应警惕缺乏锌元素；缺乏蛋白质的宝宝生长缓慢、体形瘦小、免疫力低下。

本期喂养细节

夏季饮食不宜过度清淡

进入夏季之后，高温常导致宝宝胃口不佳，消化液分泌减少。油腻的食物影响宝宝的食欲和消化，不适合给宝宝食用，妈妈给宝宝准备一日三餐时应坚持清淡、爽口的原则，但要注意“度”的把握。过度清淡的食物缺乏宝宝生长发育必需的蛋白质、脂肪，以及钙、铁、锌等矿物质，容易诱发人体缺钙，甚至导致佝偻病。

瘦肉、鱼肉、鸡蛋、牛奶、豆腐等食物中含有丰富的优质蛋白质、不饱和脂肪、钙、铁、磷、锌、卵磷脂等营养物质，口感清淡不油腻，妈妈可以多选择这些食材给宝宝清炖、清蒸、煮粥或者煮汤，既能够提高宝宝的食欲，又补充了身体所需的营养物质。

适当给宝宝吃点发酵食品

发酵食品有哪些

种类	包含食物	功效
谷物发酵食品	馒头、包子、花卷、面包、米酒、米醋、甜面酱	营养升级，更容易被人体消化吸收
豆类发酵食品	酱油、豆豉、腐乳	发酵后参与维生素 K 的合成，可预防出血症
乳类发酵食品	酸奶、奶酪	抑制肠道腐败菌生长，提高机体免疫力，补充钙质

什么时候吃最好

一天中最适宜吃发酵食品的时间是早餐。宝宝经过一整夜的睡眠，清晨醒来的时候，身体并没有完全恢复白天的活力，这时候给宝宝吃些容易消化的发酵食品，可以帮助宝宝摄取更多的营养物质。

养子十法与忌食寒凉

“一要背暖，二要肚暖，三要足暖，四要头凉，五要心胸凉，六要勿令见非常之物，七者脾要温，八者儿啼未定勿令饮乳，九者勿服轻粉、朱砂，十者一周之内宜少洗浴。”这是宋代名医陈文中提出的“养子十法”，其中明确指出了腹部保暖、温养脾胃的原则。腹部是消化器官脾和胃的所在地，脾胃温暖才能使消化功能正常；宝宝进食大量寒凉食物，或者不慎肚子受凉，会导致脾胃消化功能失常，出现食欲不振、腹痛、腹泻、呕吐等症状。

·孕产小护士·

长期给宝宝服用抗生素或者清热解毒的药物，同样会刺激宝宝的脾胃，损伤宝宝的消化功能。

保护乳牙的食物

绿叶蔬菜

绿叶蔬菜含有丰富的维生素 C，能够消灭口腔中的细菌，促进牙龈所需的胶原蛋白的生成，有助于牙龈健康。富含膳食纤维的绿叶蔬菜还能起到清洁牙齿的作用，通过膳食纤维的摩擦，可以除去附在牙齿表面的细菌和食物残渣。

香菇

香菇所含的香菇多糖可以抑制口腔中的细菌，使其不能制造牙菌斑，对保护宝宝的牙齿有益。

坚果与种子

坚果和植物种子（如芝麻、黄豆、南瓜子）中含有大量的油脂，具有强健牙釉质的作用，帮助宝宝坚固牙齿。

葱、姜、蒜

烹调菜肴时适量加些葱、姜、蒜调味，可以起到抑菌杀菌的作用，有助于宝宝保护牙齿。葱、姜、蒜刺激性强，妈妈不要给宝宝生吃。

这些零食都高糖

糖果

水果糖、太妃糖、牛奶糖、巧克力等糖果中含糖量惊人，每 100 克巧克力可以供给 586 千卡的能量，约占两岁宝宝每天所需能量的一半多。

甜饮料

商场里琳琅满目的果汁、可乐、雪碧都属于甜饮料大家族的成员，高糖是它们共同的特点，宝宝每喝 1 瓶可乐就等于吃下 10 块以上方糖。

·写给妈妈·

低糖饮料同样不适合宝宝饮用，这是因为生产厂家用一种叫阿斯巴的甜味剂代替了原来的糖分，这种物质对眼睛和大脑都会造成损害，引起视力下降、记忆力减退、情绪不良等不适。

甜点

果酱面包、甜甜圈、夹心饼干、巧克力蛋糕、豆沙酥饼等中西式甜点都是由含糖量较高的精制面粉和糖制成的，双重的糖分集中在小小的一块甜点上，宝宝长期吃这种零食会对健康造成严重影响。妈妈需要注意的是，咸味点心也不一定含糖量低，比如制作咸味饼干时，为了口感更好，厂家会添加一定比例的糖中和咸味。

甜冰品

冰激凌、甜冰棍、水果沙冰等消暑的冰品也是宝宝的最爱，1 个普通的冰激凌大约含有相当于 17 茶匙的糖分。

水果罐头

水果罐头在制作过程中已经破坏了大部分维生素，又添加了较多的糖分，这些糖分大多存在于罐头里那些甜甜蜜蜜的液体中，吸收率更高。

· 写给妈妈 ·

龋齿影响宝宝的咀嚼能力，不利于食物的消化和吸收，还会诱发牙髓炎、根尖周炎等口腔疾病，影响恒牙的正常发育。为预防龋齿，妈妈应经常给宝宝检查牙齿：找个光线好的地方，让宝宝张开嘴巴，如果宝宝的牙齿不是正常的淡黄色或乳白色，而是呈现白垩色，光泽度消失，说明牙齿已经开始龋坏；若有黑斑、黑洞则说明龋坏已经有些严重。此外，妈妈还需要留心宝宝的言行：如果妈妈发现宝宝的牙齿对冷、热、酸的食物反应敏感，或者宝宝告诉妈妈食物会塞入牙齿，吃冷、热、酸的食物时牙疼，妈妈应带宝宝找专业的牙科医生进行检查。保护乳牙等于保护恒牙，妈妈不要对宝宝的乳牙掉以轻心。

辨清体质吃水果

妈妈在给宝宝吃水果时，应充分考虑宝宝的体质。相同的食物，不同体质的宝宝食用之后所起到的作用是不一样的。通过下面的表格，我们可以了解不同体质的宝宝适合吃哪些水果：

体质分类	体质特征	适合的水果
寒性体质	喜欢吃温热的食物，手脚冰凉，怕冷，面色苍白，不爱活动。	荔枝、樱桃、黑枣、红枣、杏、李子、桃、红毛丹。
热性体质	喜欢吃凉食，面色潮红，舌苔厚，易上火，爱发脾气。	西瓜、梨、猕猴桃、香蕉、柿子、哈密瓜、桑葚、草莓、圣女果。
虚性体质	免疫力差，容易生病，头晕，易出汗，小便次数多，大便稀。	红枣、葡萄、阳桃、苹果。
实性体质	便秘，小便量少色黄，舌苔厚，不易出汗。	橙子、柠檬、苹果、西瓜、葡萄、菠萝、猕猴桃、柚子、草莓。
健康体质	脸色红润，头发乌黑，食欲好，适应能力强，不易生病，大小便正常。	一切水果都可食用，但不能偏食一种性质的水果。

·写给妈妈·

宝宝的体质并不是一成不变的，体质的表现只能说明当前宝宝的体质倾向。随着日常饮食、生活环境以及心理状态的变化，宝宝的体质也会发生变化。妈妈在给宝宝选择水果时，应充分考虑宝宝的体质，通过寒性、热性、平性等三种性质的水果互相搭配食用，帮助宝宝调理出健康体质。

鱼生火，肉生痰，萝卜白菜保平安

鱼肉虽好，但吃多了容易上火，肉虽然美味，但过食容易产生痰湿，与大鱼大肉相比，经常吃些味道清淡的蔬菜却对健康有利。

多数鱼类属于温性食物，宝宝适量食用可促进身体和智力发育，多吃则容易上火。尤其是体质偏热性的宝宝更要把握好吃鱼的度，清蒸、炖汤等烹饪方式不易导致上火，比煎炸、红烧更健康。

肉类食物在促进宝宝组织和器官发育、预防贫血和佝偻病等方面有着良好的作用，但是过量吃肉会造成人体营养代谢失调，增加血液黏稠度，使血脂水平升高，造成过度的脂肪堆积。

荤素搭配的饮食习惯更有利于宝宝的健康，妈妈不要因为宠爱宝宝而排斥蔬菜。萝卜具有消食化痰、润肠通便的功效，白菜具有利尿、通便、清热的作用，胡萝卜可健脾、明目、润燥，芹菜、花菜、菠菜、番茄等蔬菜都具有不同的保健作用，帮助宝宝维持身体内环境的平衡以及体质的平和。

新手妈咪喂养误区

晚餐吃半饱

2 ~ 3 岁的宝宝已经可以像大人一样吃饭了，有的妈妈坚持让宝宝晚饭吃半饱，认为这样有利于宝宝的肠胃健康，却耽误了宝宝的成长。

晚餐要吃少的理念是正确的，有利于消化系统和睡眠的健康，但是对于宝宝来说，晚餐少并不是指大量减少食物的摄入量，而是适量减少食物提供的能量。这是因为宝宝和成年人不同，他们还处在生长发育的旺盛阶段，所需的营养远高于成年人；晚餐和第二天的早餐时间间隔长，如果不补充足够的营养素就无法满足一夜的生长发育需求，经常吃不饱晚餐，或者晚餐吃得太差的宝宝会赶不上同龄宝宝的生长发育。

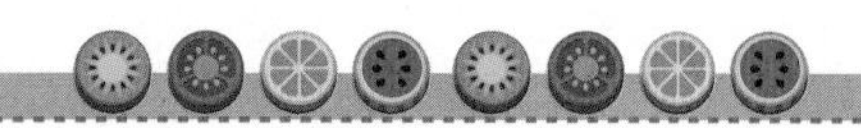

· 写给妈妈 ·

宝宝的晚餐应坚持清淡原则，不要给宝宝吃过于油腻的食物。吃晚餐的最佳时间是 18 点左右，21 点之后不要再给宝宝吃任何固体食物。

给宝宝吃太烫的食物

温度太高的食物被宝宝吃进嘴里，因为太烫，宝宝会急着吞下肚，这样急速吞下的食物仍然很烫，在经过食道的时候会强烈刺激食道内膜，导致其变厚，损伤宝宝的食道功能，长期吃太烫的食物还会诱发食道癌。

温温的食物最有利于身体健康，对于食道和胃肠道都有着良好的保护作用。宝宝吃饭的时候，妈妈要教导宝宝慢慢吃，充分咀嚼，不要催促，更不要指责，以免宝宝不管不顾，把太烫的食物吞下去。

妈妈不要总是催促宝宝快吃，养成囫囵吞枣的坏习惯，这样会加重胃肠负担。

幸福妈妈厨房宝典

❶ 蓝莓山药 / 花样早餐

原料：山药 250 克，蓝莓果酱适量

工具：蒸锅

烹调时间：6 分钟

制作方法：

1. 山药去皮洗净，切成条，放入锅中蒸熟；
2. 将蒸熟的山药条摆盘，交错摆成正方形，淋入蓝莓酱即可。

营养分析

这款早点口味清新，造型别致，有助于宝宝学习空间知识；所使用的山药为药食两用的优质食材，能够起到健脾益胃、补中益气、益肺止咳的保健作用。

❷ 虾皮白菜饼 / 花样早餐

原料：白菜 100 克，猪瘦肉 50 克，虾皮 5 克，面粉 150 克，葱花适量

调料：植物油、盐适量

工具：平底锅、擀面杖

烹调时间：30 分钟

制作方法：

1. 白菜洗净切碎，猪肉洗净切成肉末，虾皮剁碎备用；
2. 将白菜碎、猪肉末、虾皮、葱花放入碗中，加适量植物油和盐搅拌成馅料；
3. 将面团揉好，擀成圆皮，包入馅料，再擀成圆饼；
4. 锅中加适量植物油，烧热后放入圆饼，两面翻动，烙熟，取出切成块即可。

营养分析

虾皮有“钙库”的美称，宝宝吃些虾皮有利于骨骼发育，预防佝偻病。白菜中含有丰富的维生素C，能够提高机体免疫力，促进体内铁的吸收，还能防治便秘。

③ 蔬果金字塔 / 营养午餐

原料：菠菜 150 克，松子仁 50 克，蒜末适量
调料：熟植物油、盐适量
工具：炒锅、小汤锅、三角形模具
烹调时间：15 分钟
制作方法：
1. 松子仁洗净、晾干，放入锅中炒熟，盛出备用；
2. 菠菜洗净，切成小段，放入开水中焯熟，捞出沥去水分备用；
3. 将蒜末、熟植物油、盐放入菠菜中，拌匀；
4. 取三角形模具，放一层菠菜，放一层松子仁，依次处理完所有食材，略压一压，脱出模具装盘即可。

营养分析

松子含有丰富的不饱和脂肪酸，以及钙、磷、铁等营养素，尤其适合便秘的宝宝食用，可起到润肠通便的作用。菠菜富含维生素C以及膳食纤维，有助于维护宝宝的胃肠健康。

④ 浇汁彩蔬鳕鱼 / 营养午餐

原料：鳕鱼 100 克，胡萝卜 50 克，芦笋 50 克，西蓝花 50 克，姜末、蒜末适量
调料：豆豉、料酒、盐适量
工具：蒸锅、炒锅、小汤锅
烹调时间：30 分钟
制作方法：
1. 鳕鱼洗净切片，加适量料酒和盐腌制 10 分钟，放入锅中蒸熟备用；
2. 西蓝花洗净，撕成小朵，胡萝卜洗净、去皮、切成滚刀块，芦笋洗净切成段，放入锅中煮熟，捞出备用；
3. 将蒸好的鳕鱼，煮好的各种蔬菜摆盘；
4. 锅中加适量植物油，烧热后下姜蒜末、豆豉炒至香气四溢，盛出浇在鳕鱼上即可。

营养分析

鳕鱼含有宝宝发育所必需的各种氨基酸，肉厚刺少、肉质细腻，容易被宝宝消化吸收，不饱和脂肪酸、钙、磷、铁、B族维生素含量同样丰富，对生长发育有利。这款菜可开胃、助长。

⑤ 彩椒虾仁炒饭 / 美味晚餐

原料：青、红、黄三色柿子椒各 50 克，虾仁 50 克，隔夜饭 100 克
调料：植物油、盐、葱花适量
工具：炒锅
烹调时间：15 分钟
制作方法：
1. 柿子椒洗净去籽、切成丁，虾仁洗净、切丁备用；
2. 锅中加适量植物油，烧热后倒入虾仁丁和柿子椒丁翻炒至八成熟；
3. 锅中另加适量植物油，烧热后倒入米饭，翻炒至米粒分明，倒入虾仁、柿子椒丁，继续炒熟，加适量盐调味，撒上葱花即可。

营养分析

柿子椒不仅不辣，吃起来还有股特有的清甜，鲜艳的颜色能引起宝宝对食物的兴趣。虾仁富含宝宝生长发育所需的优质蛋白质、钙、磷等营养素，肉质细腻易于宝宝消化吸收。这款炒饭有助于提高宝宝的免疫力和食欲。

⑥ 果仁糖包 / 美味晚餐

原料：花生 100 克，核桃仁 50 克，芝麻 20 克，发酵好的面团 250 克
调料：白糖适量
工具：炒锅、蒸锅、擀面杖
烹调时间：1 小时
制作方法：
1. 将花生、核桃仁、芝麻分别炒熟、晾凉，用擀面杖擀成细末，加适量白糖搅拌成馅料备用；
2. 面团揉好，分成大小均匀的剂子，擀成包子皮，包入馅料，捏成包子；
3. 将包子生坯放入锅中，蒸 15 分钟即可。

营养分析

花生、核桃、芝麻都含有丰富的不饱和脂肪酸，具有健脑益智功效，宝宝适量食用这些坚果能够促进脑部发育。

2 岁 7~9 个月

生长发育特征

身体发育指标

指标 \ 性别	男宝宝			女宝宝		
	最小值	均 值	最大值	最小值	均 值	最大值
体重（千克）	11.1	14.1	17.4	10.8	13.5	17.0
身长（厘米）	87.6	94.5	101.4	86.6	93.5	100.5
头围（厘米）	46.5	49.1	51.7	45.7	48.1	50.5
胸围（厘米）	46.7	50.9	55.1	45.8	49.8	53.8

智能发展特点

宝宝能够认识 5 种以上的颜色，以及不同的物体形状，可以用完整的短句表达自己的想法，长的、复杂的句子说得还不顺畅。不再满足只和爸爸妈妈交流，愿意和同龄的宝宝一起玩耍，分享玩具。宝宝已经能够非常自如地跑步，还能用单脚跳着走，喜欢荡秋千、滑滑梯、踢球、攀登、玩沙子。

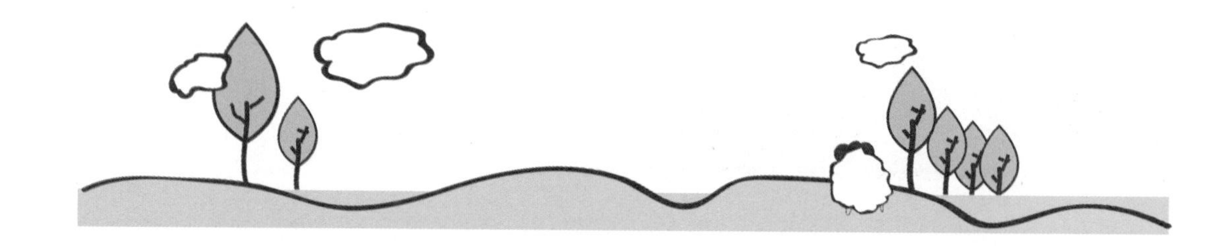

营养均衡的表现

营养均衡的宝宝	营养失衡的宝宝
智能迅速发展，身体发育不明显，身长每个月平均增长 0.4 厘米，体重每个月增加 0.15 千克，胸围和头围的增长微乎其微，只有不到 0.1 厘米；睡眠质量好，夜里不会醒来；很少生病，生病后很快能恢复健康。	营养不良的宝宝反应迟钝，学习能力差，面色萎黄，异常安静；主食摄取不足的宝宝可伴有低血糖症状，表现为易疲劳、生长发育迟缓。

本期喂养细节

提升免疫力的营养素

营养素	功效	食物来源
维生素 A	预防上呼吸道感染	动物肝脏、全奶、蛋黄、红黄色果蔬
维生素 C	具有促进抗体合成作用，有助于增强宝宝免疫力	新鲜水果和蔬菜
锌	抵御流感，抑制病毒繁殖	贝类海鲜、红色肉类、动物内脏
铁	维护免疫细胞的吞噬功能，对抗感冒病毒	动物肝脏、肉类、鱼类、蛋类

·写给妈妈·

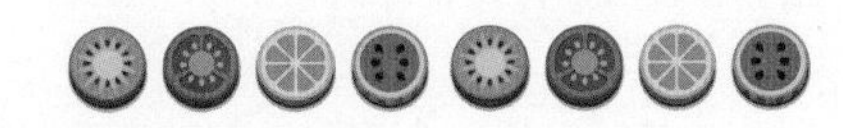

想要提升宝宝的免疫力，日常护理也需要妈妈格外留心：

1. 多进行户外活动。充满阳光、新鲜空气和绿色植物的环境有利于宝宝提高免疫力。经常玩耍可以增强宝宝的体质，宝宝长得结实了，抗病能力自然会提高。

2. 不滥用药物。是药三分毒，宝宝生病了，妈妈不要自作主张给宝宝吃药，须遵医嘱。

3. 妈妈不要随便给免疫力低的宝宝吃补品、补药。

降低宝宝智力的饮食习惯

囫囵吞枣

狼吞虎咽的宝宝脑部发育和情商发展会比细嚼慢咽的宝宝落后一大截，这是因为细嚼慢咽能促进大脑皮层活动，培养情商，让宝宝充分享受食物美味的同时可以促进宝宝的智力发育。妈妈要告诉宝宝，吃饭要小口吃、细细嚼、慢慢咽，并持之以恒，养成习惯。

顿顿都吃撑

过量的食物进入胃部之后，身体想要消化这些食物就必须调动很多血液到胃肠部位，大量的血液过久地聚集在消化系统，会导致大脑出现缺血、缺氧。大脑没有足够的氧气供给，功能逐渐下降，久而久之，宝宝的智力就会受到严重影响。

低脂饮食

脂肪是大脑的重要组成成分，被称为大脑的“第一需要”，重要性比蛋白质还高。特别是脂肪中的不饱和脂肪酸，对于宝宝的大脑发育和脑细胞功能有着重要的作用。脂肪摄取不足的宝宝不仅生长发育赶不上均衡营养的宝宝，大脑发育也会受到严重的影响。

如何让宝宝爱上吃饭

◆ 拿走冰箱里的零食，把天然健康的食品放入冰箱，比如酸奶、牛奶、全麦面包、水果等。饭前给宝宝放些轻松的音乐，讲些笑话逗他们开心，让宝宝拥有愉快的心情，并将这种情绪带到餐桌上。

◆ 给宝宝制定餐桌规矩，吃饭要定时、定量、定点，一顿饭不能想吃多久就吃多久，一般 30 分钟左右。和宝宝一起吃饭，不要因为忙不完的工作和应酬而冷落家里的宝宝，让他们产生孤独和被遗弃的感觉。

◆ 邀请一些小朋友来家里做客，夸奖不偏食的小朋友，让宝宝知道好好吃饭是可以得到赞赏的。提高做菜的水平，西餐的烹调方法也可以多学几招，把给宝宝吃的食物做得色香味俱佳，摆盘的时候讲究颜色和形状搭配，让菜看像风景画一样漂亮。

◆ 吃饭前尽量不要安排宝宝看电视、听广播、看书、玩玩具，不要在吃饭前批评宝宝。吃饭时也应避免这些分散宝宝注意力的活动，餐桌上不要指责宝宝，也不要大声说笑，以免转移宝宝的注意力。

◆ 自编自演一些关于食物的小故事，吃饭的时候讲给宝宝听，宝宝会因为喜欢这个故事而爱上吃这种食物。不要把不希望宝宝吃的食物买回家。

◆ 让宝宝参与到食物的制作过程中来，买菜的时候让宝宝选择几种买回家，洗菜的时候让宝宝帮忙，切菜的时候征求他们的意见，按照他们的要求切成他们喜爱的形状。妈妈可以给宝宝配上葱花、蒜末等调味菜，让宝宝自由搭配出自己喜欢的味道，不但能让宝宝体验自己动手的快乐，还有助于宝宝的思维发展。

养成良好餐桌规矩

快满 3 岁的宝宝一般能够独立用餐了，妈妈需要把餐桌上的规矩教给宝宝，为下一步上幼儿园做好准备：

◆ 吃饭时不能把桌面弄得一塌糊涂，必须保持整洁；不能把喜欢吃的菜拖到自己面前。

◆ 不能用筷子挑拣、翻动盘子里的菜，夹菜时筷子上不能残留食物。

◆ 嘴里有食物时不能说话；不能对着饭菜打喷嚏、咳嗽、打嗝。更不能用手抓着饭菜玩。

◆ 不能眼大肚皮小，尽量把碗里的食物吃完，不浪费食物。不要在餐桌上对饭菜评头论足，也不要边吃饭边大声说笑。

◆ 饭后将食物残渣收入自己碗里，自己坐的餐椅要摆回原位。

高脂零食带来健康隐患

小胖墩的大量出现与高脂零食的食用有着很大关联，高脂肪等于高能量。1 ~ 3 岁的男宝宝每天所需的能量为 1100 ~ 1350 千卡，女宝宝所需能量略低一些，每天为 1050 ~ 1300 千卡。在宝宝不偏食、厌食，食欲好，没生病的情况下，三餐两点即可满足一日的能量需求。宝宝嗜食高脂零食会导致摄入体内的能量超标，用不完的能

量只能转化为脂肪储存在体内，肥胖随之出现。高脂零食含有大量脂肪，宝宝的消化功能不强，无法快速消化这些食物，常常产生强烈的饱腹感，到了正式吃饭时食欲下降、饭量减少，时间长了各种营养素都会出现缺乏，导致营养不良。

眼睛的健康离不开各种营养物质，尤其是蛋白质、维生素 A、维生素 C、B 族维生素、钙、铬，而这些营养物质在高脂零食中含量很少，常吃高脂零食又会影响这些营养素的吸收。人体内一旦缺乏了这些营养素就会导致视力下降、弱视、夜盲症等眼部疾病。幼年的饮食习惯会影响宝宝的一生，习惯了高脂零食的宝宝长大后也会更加偏爱肥腻的食物，为成年后患上高血压、高血脂、冠心病、糖尿病、动脉硬化埋下隐患。

高脂零食有哪些

肉罐头

肉罐头属于高脂、高盐、高能量食品，营养物质已经被大量破坏，食用价值不高，所含的大量饱和脂肪酸对宝宝的健康还会产生负面作用，比如诱发肥胖、高血脂。

洋快餐

炸薯条、炸鸡、鸡米花等洋快餐中含有大量的油脂和致癌物质，属于高脂零食中的垃圾食品，宝宝最好不要吃。

肉类烧烤

肉类食物经过烧烤之后会散发出迷人的焦香味，尤其是肥肉和动物内脏，但是烧烤的过程中会产生很多致癌物质，宝宝经常吃这种高脂零食会增加体内有毒物质，对健康有害无益。

奶油糕点

奶油属动物脂肪，典型的高脂肪食物，宝宝经常吃奶油蛋糕、奶油面包会造成体内脂肪超标。

油炸零食

油炸零食是裹着香味的毒药，可口的同时不会给我们的身体带来营养，还会带来很多害处：不易消化、油腻的特点会产生饱腹感，影响宝宝的食欲并诱发胃肠疾病；制作过程中产生的亚硝酸盐会致癌，油炸时还破坏了食物中的多种维生素。

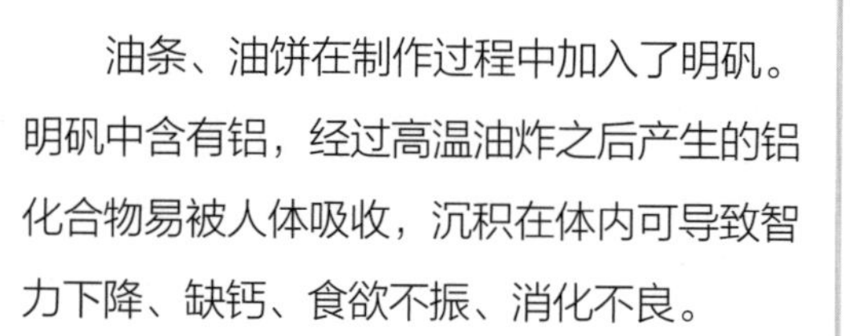

·写给妈妈·

油条、油饼在制作过程中加入了明矾。明矾中含有铝，经过高温油炸之后产生的铝化合物易被人体吸收，沉积在体内可导致智力下降、缺钙、食欲不振、消化不良。

宝宝能吃中药类零食吗

食品安全问题频频发生的今天，人们更加注重养生，于是中药类零食应运而生，比如凉茶、薄荷糖、龟苓膏、茯苓饼、阿胶枣、润喉糖。这些食品将中药与零食相结合，吃零食就可以起到保健的作用，因此深受妈妈的喜爱。不过，这类零食只能作为平时的休闲食品少量食用，不能当成保健品食用，更不能替代药物。

龟苓膏	性寒凉，宝宝食用易伤脾胃，可导致腹痛、腹泻。
薄荷糖	性寒凉，宝宝食用易伤脾胃，可导致腹痛、腹泻。
凉茶	性寒凉，宝宝食用易伤脾胃，可导致腹痛、腹泻。
阿胶枣	阿胶滋腻碍胃，可导致消化不良；且属补品，可诱发性早熟。
茯苓饼	虽能健脾利湿，但含糖量较高；厌食、腹泻、免疫力低下的宝宝可少量食用。

带宝宝出门吃饭如何点菜

不点火锅

地沟油的泛滥让火锅成为危险的食物，对宝宝来说，即使使用质量合格的食用油，火锅依然不适合食用，尤其是红油火锅。

不点冷盘、凉拌菜

餐厅的冷盘大多是卤味、盐水花生等食物，前者属于不健康的高致癌食物，后者的新鲜与卫生无法保证，都不适合给宝宝食用。凉拌菜同样不适合给宝宝食用，这类食物未经过烹调的高温杀毒，无法避免致病菌的残留。

不点饮料

碳酸饮料、果汁饮料、咖啡等饮料都不要点给宝宝喝。餐厅都备有白开水，妈妈可以让服务员给宝宝准备一杯白开水。有的妈妈认为鲜榨果汁健康美味，实际上餐厅提供的鲜榨果汁纯度并不高，为了口感还添加了大量的糖和其他香精。

不点新奇菜

餐厅为了吸引顾客会经常推出新菜，这类菜看妈妈可以给宝宝吃，但是点菜之前要问清楚使用的食材，如果使用的食材宝宝没吃过，妈妈就不要点了，以免诱发过敏。

点活鱼

妈妈可选择有新鲜活鱼可以点杀的餐厅就餐，给宝宝点条活鱼，清蒸、煮汤皆可，要求厨师在烹调时配上些青菜、豆腐，营养更加全面。

点烹调清淡的菜

番茄炒蛋、清蒸鱼、白斩鸡、紫菜蛋花汤等菜肴清淡爽口，比较适合宝宝食用。如果点炒菜，妈妈可以要求厨师少放油和盐；如果用动物油烹调，可以要求换成橄榄油、花生油等植物油；需要淋明油的菜肴则要嘱咐厨师省去这一步骤，避免摄入脂肪太多导致宝宝腹泻。

新手妈咪喂养误区

给宝宝买彩色食品

色彩鲜艳的食物更能引起宝宝的食欲和兴趣，不过市场上出售的各种彩色食品并不适合宝宝吃。这类食品其鲜艳的颜色大部分来自合成色素，含有一定的毒性，宝宝经常吃这类食物会引发多动症，甚至慢性中毒。

吃胡萝卜不限量

胡萝卜含有丰富的胡萝卜素，转变为维生素 A 之后能够提高机体免疫力，经常吃点胡萝卜还能够预防花粉过敏、过敏性皮炎等过敏症。然而，给宝宝吃胡萝卜应适量，过量吃胡萝卜，喝胡萝卜汁会引发胡萝卜素血症，出现手脚皮肤变黄、厌食、呕吐、夜惊等症状。

给宝宝吃果冻

又软又滑的果冻容易呛入宝宝的气管，造成咳嗽甚至窒息。把果冻捣碎了再喂宝宝也不安全，这是因为果冻中含有甜味剂、酸味剂、增稠剂、香精、着色剂等添加剂，具有一定的毒性；含糖量高的果冻吃多了还会消耗体内的 B 族维生素，引发宝宝注意力不集中，暴躁易怒和多动。

· 写给妈妈 ·

妈妈可以利用蔬菜和水果的天然颜色制作出健康的彩色食物，比如用苋菜汁和面可以做出粉红色的面条，用菠菜汁和面可以包出碧绿色的饺子、烧卖等。

幸福妈妈厨房宝典

① 烤枣馍片 /花样早餐

原料：枣馍 1 个

调料：植物油适量

工具：平底锅

烹调时间：5 分钟

制作方法：

1. 枣馍切成片备用；
2. 锅中加适量植物油，烧热后放入枣馍片，文火煎至两面金黄即可。

营养分析

制作烤馍省时省力，脆脆的口感和香甜的味道能让宝宝胃口大开。需要早起上班的妈妈可以多学习几道快手饭菜，避免手忙脚乱影响了宝宝的早餐。这款主食可为宝宝提供丰富的能量、脂肪、铁、钙等营养物质。

② 简易寿司 /花样早餐

原料：黄瓜半根，胡萝卜半根，鸡蛋 1 个，方火腿 1 片，菠菜 100 克，米饭 1 碗，寿司海苔 1 片

调料：寿司醋、淀粉、植物油和盐适量

工具：平底锅、寿司帘

烹调时间：25 分钟

制作方法：

1. 寿司醋倒入米饭中，拌匀备用；
2. 黄瓜洗净，切成细条，加适量盐腌制片刻；
3. 鸡蛋打散，加适量淀粉搅拌均匀；
4. 锅中加适量植物油，烧热后倒入蛋液，煎成蛋皮，盛出切成细丝；火腿放入锅中煎熟，盛出，切成丝；
5. 胡萝卜去皮洗净切成条，放入锅中煮熟，捞出沥去水分；菠菜洗净，放入沸水中焯熟，捞出沥去水分、切段；
6. 海苔铺在寿司帘上，将米饭平铺在海苔上，不要铺太满，四周留些空地；在靠近自己的一边依次摆上黄瓜条、蛋皮丝、火腿丝、胡萝卜条和菠菜段；
7. 借助寿司帘将寿司卷好，刀上沾点水，切好即可。

营养分析

这款寿司可以为宝宝提供丰富的能量、蛋白质、卵磷脂、胡萝卜素、维生素C、膳食纤维，以及钙、铁、磷等多种矿物质，早餐食用可激发宝宝一天的活力。

③ 彩椒蒸鳕鱼 /营养午餐

原料：红、黄、绿柿子椒各 50 克，鳕鱼 100 克
调料：植物油、料酒、盐适量
工具：蒸锅、炒锅
烹调时间：25 分钟
制作方法：
1. 鳕鱼洗净切片，加适量料酒和盐腌制片刻，放入锅中蒸熟；
2. 柿子椒洗净、去籽，切成菱形；
3. 锅中加适量植物油，烧热后倒入柿子椒，炒熟，加适量盐调味；
4. 将蒸好的鳕鱼和彩椒片按照宝宝喜欢的图形摆盘即可。

营养分析

彩椒色泽诱人，具有促进食欲、提高免疫力、减肥去脂的功效，尤其适合食欲不振、抗病能力差、肥胖的宝宝食用。鳕鱼则能为宝宝提供大量优质蛋白质，以及钙、磷等矿物质，促进宝宝生长发育。

④ 砂锅煲鱼头 /营养午餐

原料：新鲜鱼头 1 个，蒜片、姜片
调料：植物油、料酒和盐适量
工具：平底锅、砂锅
烹调时间：40 分钟
制作方法：
1. 鱼头洗净后用刀剖开，加适量料酒和盐腌制 15 分钟左右；
2. 锅中加适量植物油，烧热后放入腌好的鱼头煎至两面金黄；
3. 砂锅中加适量温开水，放入煎好的鱼头、蒜片、姜片，武火煮沸后改文火；
4. 待锅中汤汁煮至奶白色，加适量盐调味即可。

营养分析

鱼头营养丰富，富含人体必需的卵磷脂以及多不饱和脂肪酸，宝宝食用可促进智力发育。

2 岁 10~12 个月

生长发育特征

身体发育指标

指标＼性别	男宝宝			女宝宝		
	最小值	均　值	最大值	最小值	均　值	最大值
体重（千克）	11.4	14.6	18.3	11.2	14.1	17.9
身长（厘米）	87.3	94.9	102.5	86.5	93.9	101.4
头围（厘米）	46.5	49.1	51.7	45.7	48.1	50.5
胸围（厘米）	46.7	50.9	55.1	45.8	49.8	53.8

智能发展特点

宝宝眼、手、脑的协调能力进一步增强，乐意自我服务，可以自己扣扣子、上厕所，并能帮助妈妈做些端水、擦桌子的家务。宝宝的思维能力有了很大提高，能够触类旁通，想象力得到提升。感情更加丰富，变得乖巧、体贴。宝宝的独立意识增强，对其他宝宝也更加友好、慷慨，开始具备分享的意识。

营养均衡的表现

营养均衡的宝宝	营养失衡的宝宝
身长每个月平均增长约 0.4 厘米，体重每个月增加约 0.15 千克，胸围和头围每个月增长不到 0.1 厘米；肌肉结实有弹性，皮肤红润丰满；活泼、愉快，反应灵敏。	素食宝宝易缺乏脂肪，表现为消瘦、皮下脂肪减少，可有维生素 A 或维生素 D 缺乏；营养过剩，或患有肥胖症的宝宝生长发育迅速，性早熟，脂肪大量堆积在腹部、臀部和四肢。

本期喂养细节

不时不食的智慧

“不时不食”最早由孔子提出，意思是饮食要顺应季节和时令，到了什么季节和时令就吃什么食物，比如“春初早韭，秋末晚菘”。现代人却很难做到这一点，物以稀为贵，反季节蔬菜和水果对消费者更具有诱惑力。然而，反季节蔬菜和水果不仅味道比应季蔬果差很多，对健康还有一定的负面作用，性早熟就和经常吃反季节蔬果有很大关系，反季节水果催熟剂使用在所难免，催熟剂在催熟蔬果的同时也能“催熟”宝宝。

给宝宝吃蔬菜和水果应以应季为原则，反季节蔬果最好少吃或者不吃。顺应大自然的节律来合理安排宝宝每天的饮食，才能帮助宝宝健康成长。

宝宝吃零食应分级别

零食级别	包含种类	食用建议
健康零食	新鲜水果、鲜榨果汁和蔬菜汁、纯牛奶、纯酸奶、煮玉米、煮红薯、烤土豆、烤红薯、豆浆、麦片、松子、榛子	可经常食用
不健康零食	乳酸饮料、果汁饮料、牛肉干、皮蛋、卤肉、卤蛋、奶片、葡萄干、巧克力、蛋糕、海苔片	可少量食用
垃圾零食	罐头、炸鸡、薯条、薯片、话梅、蜜饯、冰激凌、方便面、巧克力派、棉花糖、可乐、炼乳	最好不要食用

如何安排健康的节日饮食

荤素搭配

妈妈在准备节日菜单时应坚持荤素搭配的原则，除了安排肉、禽、蛋、鱼、虾等食物外，还需要准备一些绿叶蔬菜、块茎蔬菜。不要怕素菜会怠慢了客人，吃得健康、均衡才是真正地善待客人，只要烹调得法，素菜也可以做得色香味俱佳。

准备主食

不论是在家宴客还是外出就餐，很多妈妈都喜欢准备一大桌子菜，主食却不准备，认为大家吃菜就可以吃饱了，因为菜比主食更有营养。主食可有可无，甚至是多余了，其实，这种做法是极其不科学的，主食和副食为人体提供不同的营养物质，两者不能相互代替：不吃主食容易造成营养失衡，影响宝宝的生长发育，副食吃多了还容易伤害宝宝的脾胃，造成消化不良。

少喝饮料

碳酸饮料中含有大量的二氧化碳气体，宝宝喝太多容易造成胃胀、胃痛，降低消化能力。果汁等饮料中含有大量的糖分、色素以及添加剂，营养价值不高，宝宝喝多了还会影响食欲。

合理烹调

采用煎、炸方式烹调的食物香气诱人，更能提高食欲，妈妈喜欢在节日期间制作煎炸的菜肴。宝宝胃肠消化能力较弱，持续几天食用煎炸食物不仅会摄入过量的油脂，还会出现腹胀、腹泻、便秘等不适反应。建议妈妈在节日期间多准备几道蒸、煮、烩的菜肴，避免宝宝的胃肠受损。

饮食安全

给宝宝吃东西前，妈妈应检查食物是否变质；同时不要给宝宝吃圆粒、豆状食物，以免宝宝说笑、跑动、跳跃时呛入气管，引起咳嗽，甚至窒息。此外，进餐时不要大声，也不要让亲朋好友引逗宝宝，避免宝宝嘴里的食物呛入气管。

宝宝秋季怎么吃

饮食原则

1. 因时制宜

度过炎热、潮湿的夏季后，宝宝的食欲开始渐渐提高，消化功能也日益增强。此时，宝宝的饮食应做到多样化，并适量增加瘦肉、家禽、鱼类、豆类及其制品的摄入，避免给宝宝食用寒凉和燥热的食物，以免伤到宝宝的肠胃。

给宝宝选择食物时应参考宝宝的体质，根据体质选择适合宝宝的食物。

2. 防秋燥

食物的选择上，可以给宝宝多吃些养肺食物，比如梨、萝卜、甘蔗、葡萄，少吃些刺激性食物，比如尖椒、蒜、姜和葱；采用少量多次的方式适量增加宝宝的饮水量；烹调食物的时候最好选择炖、蒸、煮、汆等方法，容易引发秋燥的煎、炸等方法还是不用为妙。

3. 适量食补

秋季过后的寒冬对宝宝的身体又是一次大考验，要想宝宝健康、舒适地度过严冬，妈妈可以在深秋时节给宝宝适量食补，以提高机体免疫力，山药、核桃、花生、杏仁、红枣、莲子、银耳、芝麻等食物都是不错的选择。

· 写给妈妈 ·

买回来的新鲜花生最好连壳一起煮着吃，这样煮出来的花生更容易消化和吸收，发挥花生壳和花生红外衣的保健作用。

应季食物

食物	功效
百合	润肺止咳、清心安神，预防口鼻干燥、皮肤干燥以及肺燥咳嗽。
莲藕	养阴清热，润燥止渴，清心安神，补肺养血，预防便秘。
生花生	润肺化痰、滋养调气、清咽止咳。
山药	健脾益胃、滋肾益精、益肺止咳。
梨	生津润肺、止咳化痰，缓解秋燥。
柚子	生津止咳、润肺化痰、利尿。

抓住培养餐桌礼仪的时机

宝宝活泼好动，想要他们安安静静地坐在餐桌旁学习礼仪并非易事，妈妈需要抓住每一个能够灌输餐桌礼仪的时机，而不是局限在吃饭时才教导宝宝。

节假日是教给宝宝餐桌礼仪的最佳时机，家庭聚会上妈妈要让宝宝向守礼仪的小朋友学习，充分发挥榜样的作用。宝宝做得好会得到长辈们的夸奖，赞赏是宝宝坚持学习和进步的强大动力。

一日三餐同样是宝宝学习礼仪的好时机，教给宝宝的礼仪，妈妈自己首先要做到，好给宝宝树立好榜样。

宝宝看电视、阅读图画书时，妈妈也可以根据不同的情景教给宝宝应遵守的餐桌礼仪。比如妈妈讲灰姑娘的故事，可以在讲到宴会时插上一段小插曲，如灰姑娘遵守礼仪得到称赞，她的姐姐不守礼仪被嘲笑等。

尊老爱人从餐桌礼仪开始

尊敬长辈、关爱他人不是宝宝长大后自然就会具有的道德品质，需要妈妈从小培养。两岁以后，宝宝逐渐具有了不自私的品质，妈妈可以从餐桌礼仪着手培养宝宝的品行。

妈妈应教育宝宝吃饭时不能抢先坐下，要等长辈们坐好之后再坐到属于自己的位置上；长辈们没有开始吃饭，自己不能先动筷子；长辈夹菜给自己要说谢谢，长辈递过来的饭碗、手拿的食物要用双手去接。

妈妈还需要教育宝宝吃饭时不能影响身边的人，夹菜时不能碰着旁边的人，更不能把饭菜撒到别人身上，尤其是用左手拿餐具吃饭的宝宝。在外就餐时，妈妈要教育宝宝不要大哭大闹，这样会影响旁边的客人进餐。

宝宝冬季饮食如何安排

冬季天寒地冻，人体免疫力下降明显，宝宝抵御疾病的能力不及成年人，更容易患上感冒、咳嗽等疾病。另外，身体为了保暖会消耗更多的能量，如果能量摄入不足会导致体温下降，抵抗力变弱。因此，妈妈在安排宝宝冬季饮食时应适量增加高能量食物，以及有助提升免疫力的食物供给。

富含碳水化合物、脂肪、蛋白质的食物是宝宝所需能量的主要来源，米饭、馒头、大饼、牛肉、羊肉、猪肉、鸡蛋、豆制品，都是冬季的小火炉，有了它们在身体里，宝宝就不会再惧怕寒冷。

冬季里，宝宝易患呼吸道感染等疾病，新鲜的蔬菜和水果中含有丰富的维生素 A 和维生素 C，能够帮助宝宝提高免疫力，尤其是维生素 A，对于上呼吸道感染具有良好的预防作用。适合宝宝冬季食用的蔬菜和水果包括胡萝卜、白菜、卷心菜、白萝卜、豆芽、油菜、菠菜、橙子、枣等。另外，动物肝脏也是维生素 A 的优质来源，妈妈应适量给宝宝多吃一些。

人体在冬季会变得特别脆弱，生冷的食物很容易伤害宝宝的脾胃，温热的食物则能够有效保护宝宝的消化系统。妈妈可以将食材做成粥、汤为宝宝暖胃，同时适量增加温热性质的食物供给，比如核桃、芝麻、羊肉、鸡肉、草鱼、鲢鱼等。

新手妈咪喂养误区

给宝宝吃泡泡糖

泡泡糖含有一种叫苯酚的物质，这种物质被宝宝吸收后会对大脑发育产生不良的影响。嚼软了的泡泡糖黏性很大，尤其是吹泡泡的时候，特别容易粘住宝宝的喉咙，造成窒息，因此妈妈不要给宝宝吃泡泡糖。

奶片代替牛奶

受广告影响，有的妈妈认为奶片的营养价值不逊于牛奶，加上宝宝无法接受牛奶的特殊味道，于是就用奶片代替牛奶。

奶片由牛奶脱水后压制而成，压制和烘干的过程使得所含的钙固化，不利于宝宝吸收，这种固化钙还可能沉积在肾脏等器官，形成结石。另外，奶片中添加了防腐剂、香料和糖，容易破坏人体内的渗透压平衡，损伤宝宝的健康。

盲目补充蛋白粉

过量的蛋白质对健康有害无益，会增加宝宝的肾脏负担，影响心脏、大脑功能，降低免疫力，引发多动症。宝宝需不需要补充蛋白粉，妈妈最好咨询专业的医生。快满 3 岁的宝宝每天需要蛋白质约 40 克，营养均衡的宝宝可以从奶、蛋、肉、鱼、豆制品以及主食中获得充足的蛋白质，不需要额外补充。

幸福妈妈厨房宝典

❶ 苹果麦片粥 / 花样早餐

原料：麦片 30 克，苹果 30 克，牛奶 80 毫升

工具：小汤锅

烹调时间：6 分钟

制作方法：

1. 苹果洗净、去皮、去核，切成丁备用；
2. 锅中加少量清水，煮沸后放入麦片和牛奶，略煮；
3. 苹果丁放入锅中，稍煮片刻即可。

营养分析

麦片所含的氨基酸组成比较全面，人体必需的8种氨基酸含量都很丰富，清香甘甜的苹果能够大大提高宝宝的食欲。

❷ 肉菜卷 / 花样早餐

原料：胡萝卜 100 克，牛肉 100 克，面粉 150 克，葱姜末适量

调料：植物油、酱油、料酒、盐适量

工具：平底锅、擀面杖、擦丝器

烹调时间：35 分钟

制作方法：

1. 面粉中加适量清水，和成面团备用；
2. 胡萝卜洗净，去皮，擦成丝，切碎；
3. 牛肉洗净后剁成末，加适量葱姜末、植物油、料酒、酱油和盐腌制片刻；
4. 将牛肉末和胡萝卜碎放入碗中，搅拌成馅料备用；
5. 面团揉好，擀成薄面皮，切成正方形的面片，每个面片上放适量馅料，分别卷起后捏合两端；
6. 锅中加适量植物油，放入肉菜卷，煎至两面金黄即可。

营养分析

胡萝卜含有丰富的胡萝卜素，宝宝食用有助于维护上呼吸道健康，保护视力。牛肉可滋养脾胃、强筋壮骨，宝宝食用可增强抗病能力。

③ 木耳彩椒盅 / 营养午餐

原料：黄 色彩椒 2 个，干木耳 25 克，豌豆 50 克，葱姜蒜末适量

调料：植物油、盐、酱油、醋、白糖适量

工具：炒锅、小汤锅

烹调时间：25 分钟

制作方法：

1. 干木耳放入冷水中泡发，撕成小朵备用；
2. 黄色彩椒洗净，从蒂部下 1 厘米处切开，去籽备用；
3. 锅中加适量清水，煮沸后放入木耳煮 3 分钟，捞出沥去水分；
4. 豌豆倒入锅中，煮熟后捞出沥水；
5. 锅中加适量植物油，烧热后浇在葱姜蒜末上；
6. 木耳和豌豆放入碗中，淋入葱蒜油，拌匀；
7. 取一个干净碗，根据宝宝的口味加适量酱油、醋、白糖和盐，搅拌成调味汁，倒入木耳中，拌匀；将木耳装入黄色彩椒中即可。

营养分析

这款菜可以为宝宝提供大量的铁、钙、维生素C、维生素K、膳食纤维，宝宝食用有助于预防缺铁性贫血、便秘，提高机体免疫功能。

④ 煎豆腐 / 营养午餐

原料：北豆腐 250 克，青、红柿子椒各 50 克，葱花适量

调料：植物油、盐、酱油适量

工具：小汤锅、平底锅

烹调时间：15 分钟

制作方法：

1. 豆腐洗净切片，青、红柿子椒分别洗净、切丁备用；
2. 锅中加适量清水和少许盐，煮沸后放入豆腐片，略煮，捞出控干水分备用；
3. 锅中加适量植物油，烧热后放入豆腐片，煎至两面金黄，盛出摆盘；
4. 锅中加适量植物油，烧热后倒入柿子椒丁，翻炒几下后加适量盐、酱油调味，盛出浇在豆腐上，撒上葱花即可。

营养分析

豆腐有“植物肉”的美称，含有大量优质蛋白质、铁、钙、磷、镁等人体必需的营养物质，适合宝宝的生理特点。

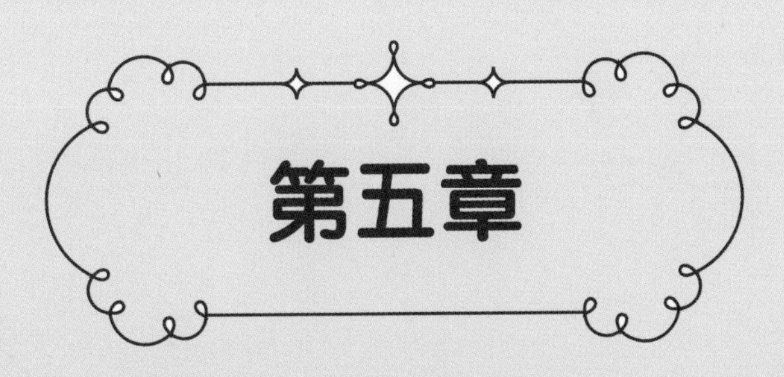

第五章

宝宝小毛病的健康吃法 /1 ~ 3 岁

贫血

原因及症状

贫血种类	原因	症状
缺铁性贫血	铁元素摄入不足、吸收障碍、丢失过多	生长发育迟缓，注意力不集中，易感染，头晕，乏力，气短
巨幼红细胞性贫血	维生素 B_{12} 或（和）叶酸摄取不足、需求量增加、代谢障碍	虚胖或脸部浮肿，头发稀疏枯黄，皮肤常呈蜡黄样，腹胀、腹泻，食欲减退

· 饮食建议 ·

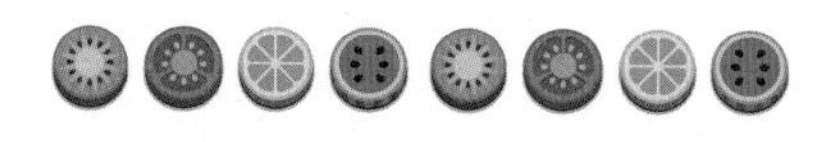

轻度的缺铁性贫血可以通过食疗改善，积极为宝宝添加富含铁元素的辅食（食物），适量增加富含维生素 C 的蔬菜和水果，帮助宝宝吸收铁元素。较为严重时需要遵照医生的指导采取药物治疗。

巨幼红细胞性贫血发生时，妈妈除了要给宝宝食用富含维生素 B_{12} 和叶酸的辅食（食物）外，还应在医生的指导下给宝宝口服或注射维生素 B_{12}，口服叶酸。

发展到严重贫血时，常常为混合性贫血，宝宝同时缺乏铁元素、维生素 B_{12}、叶酸，妈妈应从饮食上注意调理。

妈咪食疗宝典

海带炖肉

原料：海带 75 克，猪瘦肉 50 克，葱段、蒜片、姜片适量

调料：料酒、植物油、酱油、盐适量

工具：炒锅

烹调时间：50 分钟

制作方法：

1. 猪瘦肉洗净，切成小块备用；
2. 海带洗净后放入沸水中煮 10 分钟左右，捞出切块；
3. 锅中放适量植物油，烧热后倒入肉块、葱段、蒜片、姜片翻炒，然后加料酒、酱油、盐，继续翻炒几下，倒入适量清水，武火煮沸后改文火继续煮；
4. 待肉块八成熟时放入海带块，煮至海带块入味即可。

如何食用：每日 1 次。

营养分析

海带富含钙、磷、铁等矿物质，能促进骨骼生长，防治缺铁性贫血，是宝宝良好的保健食物。这款菜软滑香浓，尤其适合贫血的宝宝食用。

白菜猪肝汤

原料：猪肝 50 克，白菜 100 克

调料：葱、姜、植物油、盐适量

工具：小汤锅

烹调时间：20 分钟

制作方法：

1. 猪肝洗净切片，白菜洗净切片，葱、姜洗净后切片备用；
2. 锅中加适量植物油，烧热后下葱段、姜丝炝锅，倒入适量清水，武火煮沸；
3. 猪肝倒入锅中，煮熟后捞出，放入碗中；
4. 白菜倒入锅中，加适量盐调味，煮熟后连汤倒入碗中即可。

如何食用：每日 1 次。

营养分析

猪肝含有丰富的铁、维生素 B_{12} 和叶酸，还含有一般肉类所不具有的维生素 C，可调节和改善贫血者的造血系统功能。白菜含有极其丰富的维生素C，不仅可以防治维生素C缺乏症，还可以促进人体吸收铁元素。

腹泻

原因及症状

腹泻种类	原因	症状
感染性腹泻	细菌、病毒或真菌侵入胃肠道	发热，呕吐，粪便有异常臭味，含黏液或脓血
消化不良性腹泻	喂养不当，天气太热、突然受凉，频繁变换新食物	发热、呕吐、食欲不振，大便稀糊状、蛋花汤状、水样，或带有黏液

· 饮食建议 ·

腹泻期间，妈妈应减少宝宝的进食量和进餐次数，帮助肠胃减轻负担。腹泻急性期，宝宝可以食用富含水分、无渣、低脂肪、无粗纤维、易消化的流食，比如米汤、藕粉、去渣的菜汤。妈妈可以给宝宝喂些果水、淡盐水，防止宝宝脱水。

渡过急性期，宝宝的腹泻有所好转，妈妈可以给宝宝提供低脂肪、少渣的半流质食物，比如米粥、菜末粥、蛋花汤、软面条，也可以给宝宝吃些馒头、面包。恢复期，宝宝的饮食要做到少脂肪、少渣，坚持干稀搭配、从少到多，胡萝卜、番茄、土豆、苹果、绿叶蔬菜富含维生素和矿物质，适合腹泻的宝宝食用。

腹泻期间宝宝不适合食用的食物有：竹笋、菠菜、韭菜等粗纤维含量多的蔬菜；生冷的瓜果、凉菜；辣椒、芥末等刺激性食材；奶油、肥肉、油炸食品、烧烤等高脂肪、难消化的食物。

妈咪食疗宝典

苹果泥

原料：苹果 1 个
工具：蒸锅
烹调时间：25 分钟
制作方法：
1. 苹果洗净，去皮去核，切成小丁，放入碗中，盖好盖子备用；
2. 将碗放入蒸锅中，将苹果蒸熟；
3. 将苹果取出，用小勺压成泥即可。
如何食用：未满 1 岁的宝宝每次食用 50 克，每日 3 次；1 岁以上的宝宝每次 100 克，每日 3 次。

营养分析

苹果具有健脾益胃、生津止渴、润肠止泻的功效，熟苹果止泻效果更佳。

橘皮枣茶

原料：红枣 10 颗，橘皮 10 克
工具：炒锅、保温杯
烹调时间：15 分钟
制作方法：
1. 红枣洗净、晾干，放入锅中炒焦备用；
2. 将红枣和橘皮放入保温杯中，加适量沸水浸泡 10 分钟即可。
如何食用：饭后饮用，每日 2 次。

营养分析

当宝宝大便呈黄色或草绿色、水样，伴有不消化物和少量黏液，小便又黄又少时，可以用这款茶来缓解症状。

便秘

原因及症状

引起宝宝便秘的原因很多，一般分为以下四种：一是饮食太过精细，食物中缺少足够的膳食纤维；二是饮水不足；三是宝宝食量太小，大便量少引起便秘；四是疾病影响，营养不良、佝偻病、甲状腺功能低下的宝宝腹肌张力不足，或胃肠蠕动减弱，比较容易出现便秘。

· 写给妈妈 ·

食物中过多的蛋白质和钙也会造成宝宝便秘，因此宝宝的饮食不要一味追求高蛋白、高钙。

· 饮食建议 ·

经常仔细观察，妈妈可以找出宝宝便秘的原因。如果是因为膳食纤维摄取不足，妈妈应增加宝宝饮食中蔬菜和水果的比例，适量给宝宝吃些粗粮。不喜欢吃蔬菜的宝宝，妈妈可以将菜放入包子、馅饼、水饺等带馅食物中。

饮水不足引起的便秘，妈妈应多给宝宝喝些白开水，不喜欢喝白开水的宝宝可以喝新鲜的果汁、菜汤，不要用饮料来为宝宝补充水分。食量太小的宝宝出现便秘，妈妈应想方设法打开宝宝的胃口，让宝宝爱上吃饭；坚持少量多餐原则，同时用新鲜的水果和粗粮点心做零食。

疾病影响导致的便秘，妈妈应在医生的指导下尽快帮宝宝恢复健康，病因消除了，宝宝的便秘自然消失。

妈咪食疗宝典

香蕉粥

原料：香蕉 100 克，粳米 50 克
工具：小汤锅
烹调时间：35 分钟
制作方法：
1. 香蕉剥皮，切成片备用；
2. 香蕉片放入锅中，边煮边搅动，继续煮熟即可。
如何食用：每日 1 次。

营养分析

香蕉具有清热润肠的功效，能够促进肠胃蠕动，防治便秘。便秘的宝宝食用不仅可以缓解排便的痛苦，还能够促进生长发育，增强抵御疾病的能力。

松仁玉米

原料：嫩玉米粒 250 克，松子仁 30 克，红柿子椒 50 克，豌豆 50 克，葱花适量
调料：植物油、白糖、盐适量
工具：小汤锅、炒锅
烹调时间：20 分钟
制作方法：
1. 嫩玉米粒、豌豆分别洗净后倒入沸水中煮至八成熟，捞出沥去水分备用；
2. 松子仁洗净，红柿子椒分别洗净去籽，切丁备用；
3. 锅中加适量植物油，烧热后倒入松子仁，文火炒至香气四溢，盛出；
4. 豌豆倒入锅中，翻炒至表皮变皱，盛出备用；
5. 锅中加适量植物油，中火烧热，下葱花炝锅，倒入玉米粒、松子仁、豌豆、柿子椒丁翻炒 2 分钟，加适量白糖和盐调味；
6. 加少许清水，盖上锅盖，略焖一会儿即可。

营养分析

松仁富含脂肪油，能润肠通便而不伤正气，适合津亏便秘的宝宝。玉米营养价值很高，含有丰富的B族维生素、钙质、卵磷脂、维生素E等营养素，玉米富含的膳食纤维很利于通便。

感冒

原因及症状

感冒是宝宝最常见的疾病，80% ~ 90% 的感冒是由病毒引起的，宝宝的免疫系统发育不成熟，对环境变化的适应和对病毒的抵御能力差，容易感染病毒。妈妈喂养方式不当会导致宝宝缺乏营养，影响免疫系统的发育。此外，生活起居方面不当也容易造成宝宝感冒，比如卧室阴暗潮湿、空气混浊、温度过高或过低。

感冒的潜伏期一般为 2 ~ 3 日或更久，轻度症状为打喷嚏、鼻塞、流清涕、微咳或咽部不适，症状较重者可有高热、恶寒、头痛、全身无力、食欲锐减、睡眠不安等。

· 饮食建议 ·

感冒的宝宝食欲不佳，有时还会出现恶心、呕吐、腹痛、腹泻，妈妈在准备饮食时要坚持清淡、易消化原则，不要强迫宝宝吃饭，可以少量多餐帮助宝宝补充营养。

不要给宝宝食用生冷、刺激的食物，少吃高脂肪、高蛋白食物，以免加重宝宝的病情和胃肠负担。

妈妈可以给宝宝多吃些米粥、汤面等流质、半流质食物，既易于消化又能补充水分；多喝些白开水、新鲜果汁，豆制品和鸡蛋可以少量吃一些。随着病情的好转，宝宝的饮食可以稠一些，大约 1 周之后可以恢复到正常饮食。

妈咪食疗宝典

姜丝萝卜汤

原料：姜丝 25 克，萝卜 50 克
调料：红糖适量
工具：小汤锅
烹调时间：18 分钟
制作方法：
1. 萝卜洗净，切成片备用；
2. 锅中加 500 毫升水，萝卜和姜丝一起放入锅中，煮 15 分钟，加适量红糖即可。
如何食用：每日 2 次，每次 200 毫升。

营养分析

萝卜可化痰止咳、清热生津，姜则能够发汗解表、温肺止咳，此汤可治外感风寒、胃寒呕吐、风寒咳嗽、腹痛腹泻。

陈皮粥

原料：粳米 50 克，陈皮 3 克
工具：小汤锅
烹调时间：40 分钟
制作方法：
1. 陈皮洗净，粳米洗净备用；
2. 锅中加适量清水，倒入粳米，煮至九成熟；
3. 陈皮放入锅中，继续煮 10 分钟即可。
如何食用：可代饭食用。

营养分析

陈皮具有燥湿化痰的作用，可改善痰多咳嗽症状，这款粥可解表散寒，适合风寒感冒的宝宝食用。

咳嗽

原因及症状

原因	症状
感冒	宝宝嗜睡，食欲不振，有时发热，流鼻涕，咳嗽多为刺激性咳嗽，无痰或少痰
支气管炎	有痰，夜间咳嗽次数增多，伴有咳喘声、痰鸣音，入睡后2小时或早上6点左右咳得最厉害
咽喉炎	烦躁，咽喉疼痒，声音嘶哑，白天呛咳明显，咳嗽时发出“空、空”声
过敏	持续或反复发作性的剧烈咳嗽，多呈阵发性，夜间比白天严重，宝宝活动或哭闹时加重，痰少，遇冷空气打喷嚏、咳嗽
吸入异物	先前没有咳嗽、流涕、打喷嚏或发热等症状，突然出现剧烈呛咳，同时伴有呼吸困难，脸色差

· 饮食建议 ·

宝宝咳嗽，妈妈除了需要在医生的指导下给宝宝服药外，还应积极从饮食上合理安排。咳嗽宝宝的饮食要清淡、易消化，忌生冷、辛辣、油腻；鱼虾等水产会加重咳嗽，油腻、过甜的食物容易生痰；冰镇食物、冷饮、寒凉的果蔬（比如苦瓜、西瓜、绿豆）不利于宝宝恢复，这些食物都不要给宝宝吃。咽喉肿痛的宝宝还需要忌食爆米花、羊肉、饼干、韭菜等热性食物。

咳嗽期间，宝宝应多吃些富含维生素的新鲜蔬菜和水果，豆制品、肉类可以食用，但不能过量，尽量煮得软烂，利于消化。

妈咪食疗宝典

香菜胡萝卜粥

原料：胡萝卜 10 克，香菜 5 克，粳米 100 克
工具：小汤锅或电饭锅
烹调时间：40 分钟
制作方法：
1. 胡萝卜洗净切片，香菜洗净切小段备用；
2. 锅中加适量清水，倒入洗净的粳米，武火煮沸后改文火熬煮成粥；
3. 将胡萝卜片和香菜段放入锅中，继续煮 5 分钟即可。
如何食用：每日 1 次。

营养分析

胡萝卜含有大量胡萝卜素，有助于维护上呼吸道健康，提高机体免疫力；中医认为胡萝卜味甘性平，有健脾和胃、降气止咳、补肝明目、清热解毒等功效。这款粥可清热生津、止咳明目。

葱白梨汤

原料：连须葱白 7 根，梨 1 个
调料：冰糖适量
工具：小汤锅
烹调时间：20 分钟
制作方法：
1. 葱白洗净切段，梨洗净去皮，去核切片；
2. 将葱白段和梨片放入锅中，加适量清水煮沸；
3. 放入冰糖，继续煮 5 分钟即可。
如何食用：每日 1 剂，分 3 次饮用。

营养分析

这款汤可疏风清热、止咳化痰，适宜风热咳嗽的宝宝饮用，可有效改善咳嗽、痰多且黄稠等症状。

湿疹

原因及症状

湿疹属于湿热毒邪侵犯皮肤，宝宝患上湿疹的主要原因是对食入物、吸入物或接触物不耐受或过敏所致。患有湿疹，宝宝起初会出现皮肤发红、皮疹等症状，接着皮肤会变粗糙、脱屑，伴有奇痒。湿疹好发于额头、两颊、头皮、耳郭等头面部位，随后可能会逐渐蔓延至颈、肩、背、四肢、外阴、肛周，甚至可以波及全身。

· 写给妈妈 ·

若家族有过敏史，宝宝患上湿疹的概率更大。妈妈需要了解自己和丈夫的家族病史，如果直系亲属患有过敏性疾病，妈妈应避免给宝宝食用容易导致过敏的食物。

· 饮食建议 ·

患上湿疹的宝宝如果仍是母乳喂养，妈妈应注意忌口，不吃葱、姜、蒜、辣椒、花椒、胡椒等刺激性食物，少吃或者不吃海产品（比如虾、螃蟹）、牛奶、巧克力。

断奶后的宝宝若患有湿疹，应多食用清热、健脾、利湿的食物，比如红豆、薏米、山药、扁豆、冬瓜，保证每天食用充足的新鲜蔬菜和水果，以满足身体对维生素和矿物质的需求，保持大便的通畅。食物应做得清淡、易消化，尽量避免使用诱发宝宝过敏的食材，比如牛奶、海产品，刺激性强的食物也不要给宝宝食用，比如辣椒、大蒜、姜。

妈咪食疗宝典

薏米甜汤

原料：薏米 30 克
调料：冰糖适量
工具：砂锅
烹调时间：45 分钟
制作方法：
1. 提前将薏米洗净，放入清水中浸泡一夜备用；
2. 锅中加 8 倍清水，放入泡好的薏米，文火煮至八成熟，加适量冰糖即可。
如何食用：每日 1 剂，分 3 次食用。

营养分析

这款甜汤可清热利湿、健脾和中，妈妈在购买薏米时宜选择粒大、色白、饱满者。

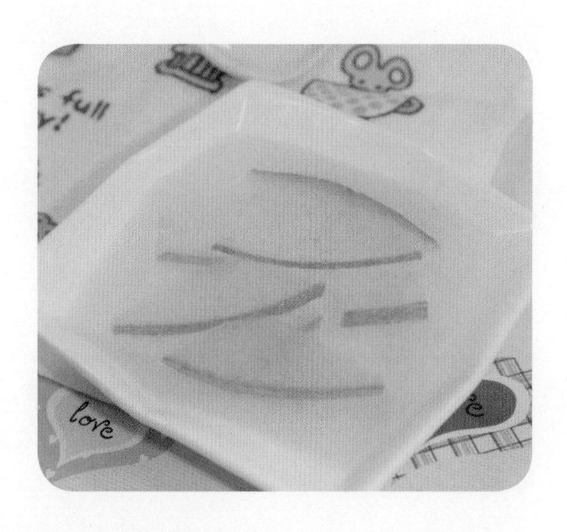

冬瓜汤

原料：带皮冬瓜 250 克
工具：小汤锅
烹调时间：20 分钟
制作方法：
1. 冬瓜洗净，切块备用；
2. 锅中加适量清水，放入冬瓜块，煮熟即可。
如何食用：每日 1 剂。

营养分析

冬瓜可清热解毒、祛湿利水、止渴解暑；冬瓜皮营养丰富，同样具有清热利湿、消肿解暑的功效。

食欲不振

原因及症状

宝宝食欲不振多与喂养不当有关，食物咀嚼困难，饮食无规律，饭前吃零食，三餐不定时定量，过量食用高营养滋补食物，都会加重宝宝的胃肠负担，损伤脾胃，导致食欲下降。宝宝体内缺乏锌元素也会影响食欲，造成厌食。

· 写给妈妈 ·

严重的食欲下降可能意味着宝宝正被疾病困扰，比如寄生虫感染、胃肠道溃疡、佝偻病等，妈妈应及时带宝宝到医院诊治。

· 饮食建议 ·

宝宝食欲不振，妈妈应从多方面努力：给宝宝创造温馨的进餐环境；选择宝宝喜欢的餐具盛食物，把菜、饭做得色彩丰富、造型可爱；不强迫、不哄骗宝宝进食；邀请别的小朋友和宝宝一起进餐。

妈妈还可以通过饮食调理宝宝的脾胃，提高宝宝消化系统功能。具有健脾和胃、开胃益气功效的食物有山药、芡实、茯苓、山楂、薏米、胡萝卜、苹果、荸荠、鲫鱼、黄花鱼等。此外，宝宝的卫生意识淡薄，容易感染肠道寄生虫，妈妈应适当给宝宝吃些具有驱虫功效的食物，比如南瓜子、榛子、乌梅。

妈咪食疗宝典

山楂甜粥

原料：山楂 50 克、糙米 100 克

调料：白糖适量

工具：小汤锅

烹调时间：35 分钟

制作方法：

1. 山楂洗净切片，糙米洗净；
2. 锅中加适量清水，倒入糙米，武火煮沸；
3. 将山楂片放入锅中，加适量白糖，继续煮 10 分钟即可。

如何食用：每日 1 次，不宜空腹食用，最好放在两餐之间当点心，可连续食用 7 ~ 10 天。

营养分析

这款粥可健脾胃、消食积，适合给食欲不振的宝宝开胃消食、化滞消积。

山药红枣粥

原料：山药 50 克，红枣 25 克，粳米 50 克

调料：白糖适量

工具：小汤锅

烹调时间：40 分钟

制作方法：

1. 山药去皮洗净后切成粒状，红枣洗净，粳米洗净备用；
2. 锅中加适量清水，放入所有食材，武火煮沸后改文火熬煮成粥；
3. 加适量白糖调味即可。

如何食用：每日 1 次。

营养分析

山药是药食两用、平补脾胃的食材，含有的淀粉酶、多酚氧化酶有利于促进脾胃的消化吸收；红枣同样具有健脾益胃的功效，适量食用能够增强食欲，防治贫血。

夜啼

原因及症状

原因	症状
脾胃虚寒	夜啼伴有腹部发凉，四肢欠温，大便稀薄，面色苍白，睡喜伏卧，食少纳呆
心热受惊	夜啼伴有烦躁不安，尿黄便干，面赤唇红，睡中易惊

· 饮食建议 ·

由于脾胃虚寒引发的夜啼，妈妈应给宝宝食用能够温中散寒的食物，比如姜、葱、韭菜、红糖。因心热受惊而夜啼的宝宝适宜食用清心安神的食物，比如莲子心、莲子、百合、小麦。

母乳喂养的宝宝患上夜啼，妈妈应注意自己的饮食，尽量不吃生冷、性寒，或热性刺激的食物，避免不当饮食通过乳汁影响宝宝，加重宝宝的症状。

妈咪食疗宝典

莲子心茶

原料：莲子 0.5 克，冰糖适量
工具：小汤锅
烹调时间：10 分钟
制作方法：
锅中加适量清水，放入莲子心，武火煮沸后改文火继续煮 3 分钟，加适量冰糖即可。
如何食用：代茶频饮。

营养分析

莲子心性寒味苦，具有清热、泻心火、强心、安神的功效，可用于清心安神，适合心热受惊的夜啼宝宝食用。

葱姜红糖汁

原料：葱根 2 个，姜 2 片，红糖 15 克
工具：小汤锅
烹调时间：12 分钟
制作方法：
1. 葱根切成段备用；
2. 所有食材放入锅中，加适量清水，煮沸后继续煮 3 分钟即可。

如何食用：每日 1 剂，热饮频服。

营养分析

葱根具有散风寒、消炎、杀菌的功效，姜能够发汗解表、开胃止呕，红糖可润心肺、和中助脾。三者同煮可起到温中散寒的作用，适合脾胃虚寒的夜啼宝宝。

食积

原因及症状

食积，又叫积食、积滞，是因喂养不当影响到宝宝的消化功能，使食物停滞胃肠所形成的一种胃肠道疾病。食积的宝宝脾胃受损，难以消化吃进肚里的食物，出现打嗝、嗳酸、恶心呕吐、食欲不振、肚腹胀满、大便干燥，或时干时稀、舌苔厚腻、睡眠不安、睡喜伏卧、排气恶臭、皮肤发黄、手足心发热、精神萎靡等症状。

· 写给妈妈 ·

早起或午睡后不要立刻给宝宝吃东西，这是因为胃肠功能恢复正常需要时间，起床后马上进食会影响宝宝的消化功能。

· 饮食建议 ·

宝宝患上食积，妈妈应调整宝宝的饮食结构，一日三餐不要让宝宝吃撑（特别是晚餐），七八分饱为宜，以促进宝宝的脾胃功能恢复。宝宝的饮食宜清淡、少脂肪、易消化。少吃肉（特别是肥肉），可以适量吃些鱼虾，主食应以粥、面片汤、软面条、馒头等好消化的食物为主。用新鲜水果代替零食，膨化食品、油炸食品、太甜的点心不要给宝宝食用。

哺乳妈妈需要忌口，少吃高蛋白、高脂肪、高糖食物，坚持清淡饮食，不暴饮暴食，避免宝宝“奶积”。

妈咪食疗宝典

山药米糊

原料：干山药 50 克，粳米 50 克
调料：白糖适量
工具：小汤锅
烹调时间：50 分钟
制作方法：
1. 干山药和粳米分别洗净、碾碎；
2. 锅中加适量清水，放入山药、粳米，熬煮成粥，加适量白糖即可。
如何食用：每日 1 剂，分 3 次食用。

营养分析

山药含有淀粉酶、多酚氧化酶等物质，有利于脾胃的消化吸收。这款粥对于脾胃虚弱引起的消化不良有很好的食疗效果。

白萝卜粥

原料：白萝卜 50 克，粳米 50 克
调料：红糖适量
工具：小汤锅
烹调时间：1 小时
制作方法：
1. 白萝卜洗净切片，粳米洗净，备用；
2. 锅中加适量清水，放入萝卜，煮 30 分钟；
3. 将粳米倒入锅中，熬煮成粥，加适量红糖，再次煮沸即可。
如何食用：每日 1 剂，分 3 次食用，连续食用 5 天。

营养分析

白萝卜具有促进消化、增强食欲、加快胃肠蠕动的作用，尤其适合消化不良、腹胀、便秘的宝宝食用。

单纯性肥胖

原因及症状

单纯性肥胖是因宝宝食量大、运动少，摄入的能量超过消耗的能量，导致体重超过正常值20% 而出现的肥胖症。

单纯性肥胖的宝宝生长发育较体重正常的宝宝快，脂肪积聚在腹部、臀部、肩部、乳房，重度肥胖的宝宝在腹部、臀部、大腿处还会出现像妊娠纹一样的肌纤维断痕。

· 饮食建议 ·

家有胖宝宝，妈妈首先应改变宝宝的饮食结构。坚持清淡饮食，少给宝宝吃油腻、过咸、过甜的食物，多给宝宝吃新鲜的蔬果、粗粮等能量低、饱腹感强的食物；适量增加豆制品、鱼、虾的食用量来代替肉类。少吃或不吃冰激凌、巧克力、甜饮料，远离洋快餐、各种油炸、膨化零食。增加利于减脂的食物摄入，比如冬瓜、黄瓜、白菜、花菜、苹果、土豆、玉米、绿豆芽、莴笋。

妈妈还应帮助宝宝养成健康的饮食习惯：吃饭前先喝一小碗汤，然后吃蔬菜，最后吃肉；吃饭时不要狼吞虎咽，做到细嚼慢咽，但进餐时间不宜过长；睡觉前不吃东西；不挑食、不偏食。

妈咪食疗宝典

冬瓜粥

原料：冬瓜 100 克，粳米 30 克

工具：小汤锅

烹调时间：40 分钟

制作方法：

1. 冬瓜去皮去籽，切成片；
2. 粳米洗净，放入锅中，加适量清水，武火煮沸；
3. 将冬瓜片放入锅中，继续煮沸后改文火熬煮成粥即可。

如何食用：每日 1 次。

营养分析

冬瓜含有丰富的丙醇二酸，这种物质能有效控制人体内的糖类转化为脂肪，防止体内脂肪堆积，对于减肥有良好的效果。

酸奶水果沙拉

原料：苹果 1 个，圣女果 5 个，酸奶 200 毫升

烹调时间：10 分钟

制作方法：

1. 苹果洗净、去皮切块，圣女果洗净切块备用；
2. 将苹果块、圣女果块放入盘中，淋入酸奶即可。

如何食用：每日 1 次。

营养分析

苹果具有生津止渴、健脾益胃、养心润肠等功效，既能促进消化又能减肥去脂；胖宝宝多吃苹果既减肥又有助于生长发育。圣女果属于低热量、低脂肪、低糖食物，可生津止渴、健胃消食、补血养血。

手足口病

原因及症状

手足口病又称为发疹性水疱性口腔炎，多发生于5岁以下的宝宝，3岁以下的宝宝发病率更高，一般发生在春季、夏季和秋季。宝宝患上手足口病，最初会表现为发热、流鼻涕、咳嗽、流口水等类似于感冒的症状。1 ~ 2天之后口腔、手掌、脚底开始出现皮疹，有的宝宝臀部和膝盖也会出现一些皮疹，但不会扩散到全身。

手足口病是由肠道病毒引起的传染疾病，及时就医，大多数宝宝可在7 ~ 10天痊愈；也有少数宝宝会出现心肌炎、肺水肿、无菌性脑膜炎等并发症，甚至导致死亡。

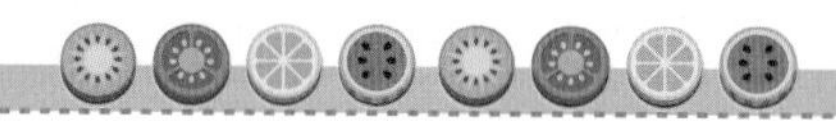

·饮食建议·

患上手足口病的宝宝伴有发热症状，因此妈妈需要多给宝宝喝温热的白开水，以补充体内水分的流失。

患病期间总的饮食原则是食用清淡、易消化的食物，不吃冰镇水果、冰激凌、辣椒、酸梅等刺激性食物，同时避免食用鱼、虾、蟹等发物。

疾病初期，宝宝口腔疼痛，妈妈可以多给宝宝吃些流质食物，比如米汤、菜汤、蛋花汤，坚持少量多餐，食物不要太烫或太凉，应少放盐和调味料；疾病中期，发热现象消失，口腔疼痛减轻，妈妈可以给宝宝吃些半流质食物，比如蔬菜粥、水果粥、疙瘩汤；恢复期，妈妈仍然需要坚持少量多餐原则，可以适量增加高蛋白食物的摄入量，同时保证新鲜蔬菜和水果的摄取。

妈咪食疗宝典

鲜荷叶粥

原料：鲜荷叶 1 张，粳米 25 克

工具：小汤锅

烹调时间：40 分钟

制作方法：

1. 荷叶洗净、切碎，粳米洗净备用；
2. 锅中加适量清水，倒入洗净的粳米，武火煮沸；
3. 将荷叶放入锅中，继续煮沸后改文火熬成粥即可。

如何食用：每日 1 次。

营养分析

荷叶性凉，味苦微涩，入心、肝、脾经。手足口病邪为湿热毒邪，荷叶不但能清热利湿，还能健脾升阳、散瘀止血，对手足口病引起的食欲不振、牙龈红肿、口腔溃疡等都有辅助疗效。